优质水稻——淡水小龙虾综合种养高产高效模式挂图

温馨提示：养殖有风险，投资须谨慎，不要轻信各种暴利传言、流言。

月（阳历）	1月	2月	3月	4月	5月	6月	7月	8月	9月	10月	11月	12月
旬	上旬 中旬 下旬	上旬 中旬 下旬	上旬 中旬 下旬	上旬 中旬 下旬	上旬 中旬 下旬	上旬 中旬 下旬	上旬 中旬 下旬	上旬 中旬 下旬	上旬 中旬 下旬	上旬 中旬 下旬	上旬 中旬 下旬	上旬 中旬 下旬
节气	小寒 大寒	立春 雨水	惊蛰 春分	清明 谷雨	立夏 小满	芒种 夏至	小暑 大暑	立秋 处暑	白露 秋分	寒露 霜降	立冬 小雪	大雪 冬至
生产关键	早上水、 早肥水、早上市		春苗投放——养殖——病害防治		成虾捕捞——水稻种植（连作）		成虾捕捞——水稻种植（共作）——夏季养殖——秋季捕捞——水稻收割——水草种植	——种虾投放——水稻收割——秋苗管理——冬苗早育				
种植生产示范	肥田上水	肥水长草	割除水草	育秧	插秧	除草　除虫	烤田壮棵	分蘖扬花	灌浆成熟	水稻收割	秸秆还田	挖环沟
技术要点 水稻	稻田水位不低于40厘米	稻田水位不低于40厘米	稻田水位不低于40厘米	4月下旬优质水稻育秧	降水位、施基肥、插秧	浅水活苗、寸水活棵、薄水分蘖、蘖够晒田、深水孕穗、干湿壮籽			水稻适时收割脱粒		生物肥促进腐烂、晒田消毒	稻田堤埂工程施工
技术要点 小龙虾	早上水、早出苗、育大苗		虾苗长到约300尾/千克	早晚投喂，水质调控、疾病预防	集中捕捞	水质调控、早晚投喂、适时捕捞		小龙虾交配、开始打洞		母虾抱籽发育2～4个月，约300粒/尾，出苗		
养殖生产示范	肥水防青苔	投喂高蛋白饲料、培育虾苗	投苗6000～8000尾	饲料浅滩投喂	地笼投放	地笼捕虾	水质调控	食台观察	小龙虾交配	小龙虾打洞	小龙虾抱籽	水草种植

稻虾种养要点备注

《克氏原螯虾稻田养殖技术操作规程》（DB32/T2304-2013）

1. 稻田选择

要求稻田地势相对低洼、水源充足、水质良好、土地肥沃、保水性好的地方，有较好的交通条件和电力供应。

2. 田间工程

田埂埂高1.2～1.5米，埂宽≥0.5米，田埂坡度大于1∶2，捶紧夯实。田埂内侧沿稻田四周开挖环形沟，环形沟面宽4.0～6.0米，底宽2～4米，深1.0～1.2米；稻田面积超过30亩的田块可开挖“十”字或“井”字形的田间沟。环沟和田间沟占稻田总面积的10%～20%。有独立的进、排水系统。

3. 放养前准备

（1）清沟消毒，清除所有杂鱼。

（2）种植水草，水草品种有轮叶黑藻、苦草和伊乐藻等，水草面积占田沟面积的1/3。

4. 种虾放养

9～10月，每亩放亲虾10～15千克，规格≥35克/尾。或年初3～4月，每亩放虾苗20～25千克，规格300～400尾/千克。

5. 投饲管理

以配合颗粒饲料为主，其粗蛋白含量应≥28%，耐水性大于5小时。日投喂1～2次，通常在下午17:00～18:00，饲料均匀投放在环形沟四周。投喂量按放养量的3%～5%，可根据吃食情况调整，投喂2小时后基本吃完为宜。

6. 水稻种植

选择优质水稻种植，6月中旬降低水位，平整田块，根据肥力适量施有机肥。水稻栽插与管理根据水稻常规种植执行。

制图：黄鸿兵、陈友明、唐建清

小龙虾

稻田高效种养技术

全彩图解+视频指导

黄鸿兵　陈友明　唐建清　主编

化学工业出版社

·北京·

内容提要

我国的小龙虾养殖主要以稻田养殖为主，小龙虾稻田高效种养技术主要包括稻田工程、小龙虾种虾投放、幼虾繁育、虾苗投放、成虾养殖、水稻育秧、水稻栽插、水稻施肥、水稻除虫、水稻收割等环节，涉及小龙虾饲料投喂、病害防治、水质调控、底质改良等辅助环节，本书通过小龙虾稻田综合种养现场的大量高清彩图和配套二维码视频，扫描书中的二维码即可查看相应视频，实地展示了养殖生产的过程。本书通过文字、图片和视频，详细介绍了小龙虾稻田高效种养的特点、主要种养模式和不同种养模式的技术要点、生产环境、生产过程和管理方法，展示了稻虾综合种养的实际场景。本书适合稻虾养殖从业人员、投资者、技术推广人员等阅读，也可作为小龙虾培训教材使用。

图书在版编目（CIP）数据

小龙虾稻田高效种养技术全彩图解+视频指导/黄鸿兵，陈友明，唐建清主编. —北京：化学工业出版社，2020.9

ISBN 978-7-122-37288-8

Ⅰ. ①小… Ⅱ. ①黄… ②陈… ③唐… Ⅲ. ①稻田-龙虾科-淡水养殖 Ⅳ. ①S966.12

中国版本图书馆 CIP 数据核字（2020）第 112560 号

责任编辑：漆艳萍　　装帧设计：韩　飞
责任校对：宋　夏

出版发行：化学工业出版社（北京市东城区青年湖南街 13 号　邮政编码 100011）
印　　装：凯德印刷（天津）有限公司
880mm×1230mm　1/32　印张 6¾　字数 161 千字
2020 年 11 月北京第 1 版第 1 次印刷

购书咨询：010-64518888　售后服务：010-64518899
网　　址：http://www.cip.com.cn
凡购买本书，如有缺损质量问题，本社销售中心负责调换。

定　　价：59.80 元

本书编写人员

主编 黄鸿兵 陈友明 唐建清

参编 李佳佳 孙梦玲 张 燕

谭秀慧 邵俊杰 曹 静

俞雅文 金 晶 肖有玉

前言

近 20 年来，小龙虾由纯野生捕捞逐渐转变为人工增养殖为主，已经成为我国重要的水产经济动物。近 5 年来，小龙虾产业迅猛发展，呈加速增长态势，养殖产量和面积大幅增长，加工业受到资本市场青睐，电商全面介入物流和餐饮消费，市场价格整体同比继续攀升。据《中国小龙虾产业发展报告（2019）》，2018 年小龙虾产业总产值达 3690 亿元。其中，第一产业产值 680 亿元，以加工业为主的第二产业产值 284 亿元，以餐饮业为主的第三产业产值 2726 亿元。第三产业占总产值的 73.9%，在小龙虾产业中占据了绝对主导地位。从中长期来看，产业总体供求关系将渐趋平衡，产业结构将日趋成熟，产业链进一步延伸，发展方式从主要依赖规模扩张转变为高质量绿色发展。

截至 2018 年年底，小龙虾养殖面积达到 1680 万亩。其中，“水稻 + 小龙虾”（简称“稻虾综合种养”或“稻虾种养”）是小龙虾养殖的主要模式，养殖面积达 1261 万亩（占总面积的 75% 以上）。“稻虾种养”早期发展于湖北省，其符合“一田两用，稳粮增收”的绿色发展理念，一方面优质水稻种植不受影响，另一方面产出的小龙虾可以显著提高种养综合效益，得到了广大农民的积极响应。而今“稻虾种养”已经发展到海南、新疆伊犁河谷、辽河流域等我国主要的稻田种植区，成为我国“乡村振兴”中“产业振兴、农民增收”的重要支柱。

未来几年可以预见的是，在“以粮为主”的前提下，小龙虾稻田养殖规模将以平稳发展为主，种养模式和配套技术将进一步成熟和完善，区域性特色高效种养模式将逐渐形成并得到大力推广。稻虾高效种养模式发展的核心是稳步提升水稻、小龙虾的产品品质以及种养综合效益。如小龙虾的发展趋势促进稻田养殖小龙虾的均衡上市以及由“大养虾”向“养大虾”的转变。

本书主要介绍“稻虾种养”模式中“水稻”与“小龙虾”两个不同的物种在同一块土地上，关于空间、时间、水、土壤、气候条件等维度下的综合利用和关键技术，以及为解决“稻虾种养”技术问题而衍生的水稻种植、小龙虾育苗、小龙虾育种等配套生产技术。本书配套33个二维码视频，读者阅读时扫描书中二维码，即可观看小龙虾稻虾综合种养现场实地养殖环境和养殖过程的视频，加强对稻虾养殖技术要点的了解和掌握。希望能够帮助读者解决稻虾产业生产实践中的相关问题。

编者

2020年3月

目录

第一章 中国稻虾产业现状

第一节 稻渔产业发展概况

“十三五”以来，经过多年高效发展，我国传统的池塘养鱼、稻田养鱼逐渐发展成为新型稻渔综合种养，种养面积、产量快速攀升，发展水平和质量显著提高。来自《中国稻渔综合种养产业发展报告（2019）》的统计数据显示，2018年我国有稻渔综合种养报告的省份共27个。

全国稻渔综合种养面积发展到3200万亩，其中当年投入生产的有3042.39万亩，生产面积同比增长8.66%。养殖面积前十的省份依次为湖北（589.75万亩）、四川（468.34万亩）、湖南（450.22万亩）、江苏（361.59万亩）、安徽（225.95万亩）、贵州（179.44万亩）、云南（167.92万亩）、江西（100.49万亩）、辽宁（77.26万亩）、黑龙江（70.50万亩）（图1-1）。其中湖北、四川、湖南3省种养面积占全国稻渔综合种养总面积的49.58%，接近一半。

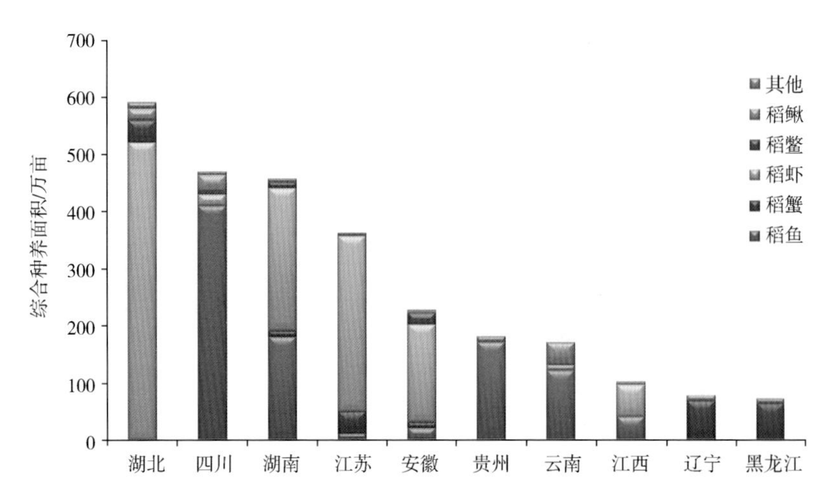

图 1-1　2018 年稻渔综合种养面积排名前 10 的省份及其模式构成

经过长期的探索与实践，各地在养殖品种、技术模式等方面因地制宜，形成了稻虾、稻鱼（主要为鲤鱼、鲫鱼）、稻蟹、稻鳅、稻鳖等一批区域特色明显、综合效益显著的主要种养模式。从上述主要种养模式实施的面积分布来看，稻虾面积约占全国稻渔综合种养总面积的一半（49.67%），其次为稻鱼（42.10%），稻蟹、稻鳅、稻鳖和其他模式的占比相对较小，分别为 4.97%、1.57%、1.00% 和 0.69%。从水产品产量上看，稻虾产量占全国稻渔综合种养总产量的 62.31%，其余依次为稻鱼 29.42%、稻鳅 2.96%、稻蟹 1.83%、稻鳖 0.77%，其他 2.71%（图 1-2、图 1-3）。

稻鱼种养是我国最为古老的稻田种养模式，适用于山区、梯田地区。2018 年，稻鱼种养面积排名前 5 的省份依次为四川、湖南、云南、贵州、广西（图 1-4），5 个省种养面积占全国稻鱼种养总面积的 80.65%。东汉时期，汉中、巴蜀等地流行稻田养鱼，当地农民利用两季田的特性，把握季节时令，在夏季蓄水种稻时，

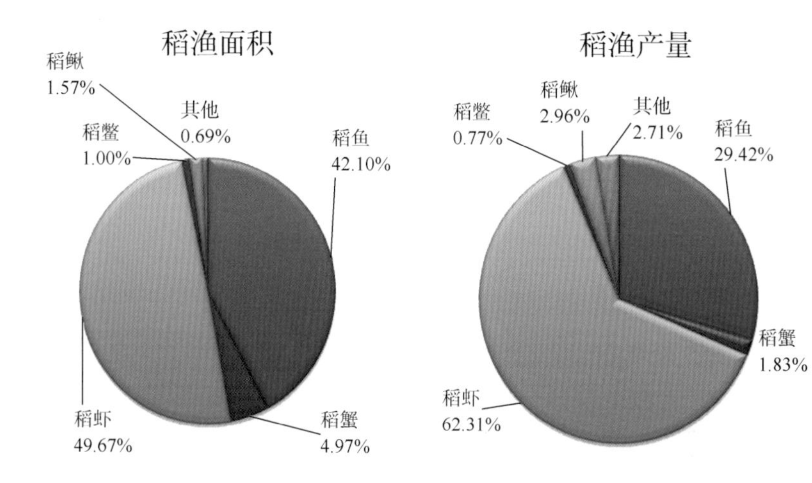

图 1-2　2018 全国稻渔综合种养模式实施面积、水产品产量分布情况

图 1-3　稻鳖种养（浙江）

图 1-4　稻鱼种养（贵州）

放养鱼类，或利用冬季开展水田养鱼。根据《桂政纪实》记载，20世纪30年代仅广西部分地区，稻田养鱼面积就不下20万亩，放养的鱼种以鲤鱼为主，其中“禾花鲤”是广西桂平地区的特产。

瓯江彩鲤（田鱼）是浙江省青田县著名的稻田养鱼特产，闻名海内外，为一种变种的鲤鱼，有4种颜色。中华人民共和国成立时，浙江丽水地区稻田养鱼面积达到3.3万亩，其中青田县养殖面积就达到2万亩。到2004年，青田县稻田养鱼面积达到10万亩，2005年5月16日，联合国粮农组织在世界范围内评选出了5个古老的农业系统，作为世界农业遗产进行保护。作为有着700多年历史的农作方式，浙江青田的稻田养鱼成为我国乃至亚洲唯一的入选项目。

稻鳅种养面积排名前三的省份依次是四川（约15万亩）、辽宁（约8.4万亩）、湖北（约4.46万亩）。湖北省“稻鳅共作”模式泥鳅平均亩产量约110千克，较水稻单作提高2000元左右。此外，湖北省将“稻鳅共作”与“虾稻连作”相结合，进一步提高了亩产效益（图1–5）。

图1–5　稻鳅种养（四川）

稻蛙综合种养历史悠久，浙江、福建、江西、湖北、江苏等省均有分布。2020年5月，《农业农村部 国家林业和草原局关于进一步规范蛙类保护管理的通知》（以下简称《通知》）明确了稻蛙综合种养的合法性。《通知》指出，对于目前存在交叉管理、养殖历史较长、人工繁育规模较大的黑斑蛙、棘胸蛙、棘腹蛙、中国林蛙（东北林蛙）、黑龙江林蛙等相关蛙类（简称“相关蛙类”），由渔业主管部门按照水生动物管理。在稻田中划出2%～7%的田块，挖深30～50厘米，养殖既可摄饵又可吃虫的蛙类，建立生态种养模式，稻米亩产达到350千克以上，蛙类产量超过250千克，经济效益显著（图1-6）。

图1-6　稻蛙种养（江西）

稻蟹种养在东北地区发展较快，尤其是以辽宁省盘锦市为主要代表，形成了“大垄双行、早放精养、种养结合、稻蟹双赢”的“盘山模式”，并带动了我国北方地区稻蟹种养新技术的发展。2018年，稻蟹种养面积排名前5的省份依次为辽宁、吉林、江苏、天津、黑龙江，5省种养面积占全国稻蟹种养总面积的88.08%（图1-7）。

稻虾种养主要分布在长江中下游地区，目前是我国应用面积最大、总产量最高的稻渔综合种养模式，也是我国小龙虾的主要养殖方式。2018年，稻虾种养面积排名前5的省份依次是湖北（49%）、湖南（19%）、安徽（14%）、江苏（7%）、江西（5%），5省种养面积占全国稻虾种养总面积的94%（图1-8、图1-9）。

图 1-7　稻蟹种养

图 1-8　稻虾种养

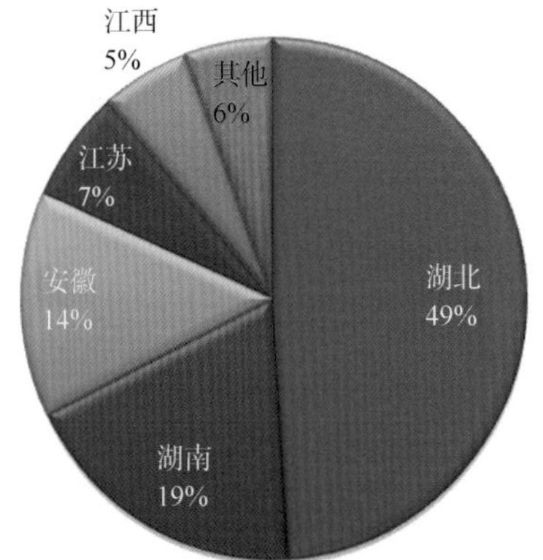

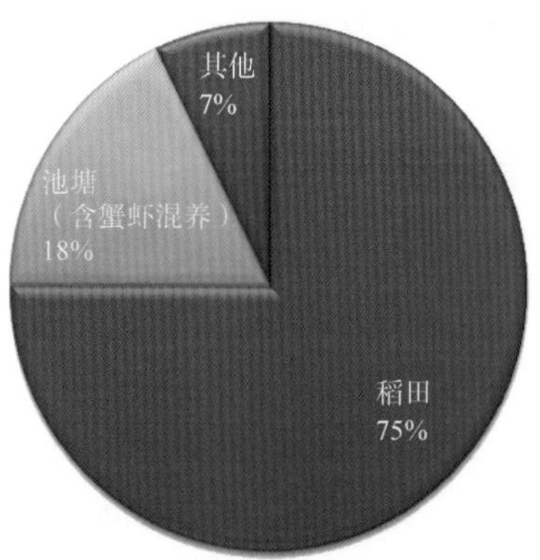

图 1-9　2018 全国稻虾综合种养模式实施面积分布情况

第二节 稻虾种养现状

2018 年，全国稻田小龙虾养殖面积约 1261 万亩，池塘（含虾蟹混养）养殖面积近 300 万亩，其他（主要为藕虾套养）养殖面积约 120 万亩。

湖北省是我国稻虾种养面积最大的省份，也是我国小龙虾养殖面积最大、产量最高的省份。我国的稻虾种养起步于 21 世纪初，最初是湖北地区冷浸田的综合利用，最早开展的是稻虾连作，即“一稻一虾”雏形。冷浸田，当地农民称作冷箐田、烂泥田、沼泽田等，大多分布在山区、半山区的箐沟边。坝区相对狭窄，由于沟渠不通，水田内长年积水，土壤通透性差，田底子冷。田里有臭水浸出，田底子深（有的田块深度在 1 米以上），泥土黑色有恶臭味，土壤养分含量低，渗水性差，偏酸，不利于水生蔬菜生长发育。湖北省现有冷浸田 420 万亩，主要分布在鄂东南低山丘陵区和平原湖区，长期受冷水浸渍，潜育层深，水稻比正常产量水平低三成，是水稻增产潜力较大的低产田。

冬、春季冷浸田大多处于闲置状态。十几年前，湖北的农民在冬季提水灌田，翌年春季即可收获小龙虾苗或者商品小龙虾（图 1-10）。5 ～ 6 月份，小龙虾收获结束，田地则降水种植水稻。随着小龙虾市场价格的逐年攀升，稻虾种养歪打正着成了农民增产增收最好的手段。

近年来，稻虾种养面积迅速扩大，养殖田块已不局限于原来的冷浸田，更多地包含了江苏、安徽、江西、湖南等地的常规稻田（表 1-1）。水稻品种覆盖了粳稻、籼稻、再生稻、高秆水稻（也称为池塘稻或渔稻等）等各类品种，甚至一些优质的食味稻也在以稻虾种养的方式生产。

图 1-10　冷浸田冬季养殖小龙虾

表 1-1　2018 年小龙虾主产省份养殖面积

地区	2017 年 / 万亩	2018 年 / 万亩	2018 年比 2017 年新增 / 万亩	2018 年养殖面积全国占比 /%
湖北	544	721	177	42.92
安徽	148	248	100	17.76
江苏	138	201	63	11.96
湖南	120	210	90	12.50
江西	59	103	44	6.13
合计	1009	1483	474	91.27

第三节　小龙虾市场行情分析

2018 年小龙虾批发市场活虾价格走势依然呈现“V”字形。和往年相比，2018 年小龙虾上市更早，初上市阶段和集中上市期价格更高，下市的时间也比往年略有提前。

图 1-11　2018—2019 年湖北潜江小龙虾市场批发价格趋势图
（数据来源：小龙虾价格网）

3月，小龙虾开始逐步上市，但这个时期量少价高。4月，价格略有下降，但总体依然较高；4月下旬开始小幅下滑，但均价仍高于2017年同期。5月，养殖小龙虾大量集中上市，市场上供大于求，价格出现明显下降；5月中旬以后，随着小龙虾加工企业的大量收购，价格开始回升。6月中旬以后，由于稻田养殖的小龙虾上市基本结束，供小于求，致使价格上涨。7月，价格继续上涨，加工企业和流通市场出现提价抢货现象。8月，由于持续涨价，一些主流水产市场陆续结束小龙虾交易。9月以后，市场上尽管还有小龙虾销售，但由于货源不稳定，大多数门店停业，小龙虾市场进入淡季。

从图1-11中小龙虾全年价格走势可以看出，小龙虾市场价格每年的最低谷为5～6月。在该时间节点，田块需要降水平田，为下一步水稻插秧做好准备。小龙虾在短时间内集中上市，必然引发价格走到低谷。养殖户集中捕捞出虾，一方面是避开5月份的小龙虾病害高发期，提早销售；一部分是为水稻种植让路，腾出稻田空间，压缩小龙虾的养殖周期。多年来，传统稻虾连作模式下，为了保障水稻种植而压缩小龙虾生长周期，必然会带来小龙虾上市规格偏小，养殖效益低的问题。

第四节　稻虾种养产业问题与思考

经过十余年的快速发展，小龙虾稻田综合种养已经成为农业提质增效、农民增产增收的重要生产模式。近年来，随着小龙虾市场价格趋于平缓，种养经济效益尤其是小龙虾养殖经济效益受到较大影响，水稻品种选择、稻米价格、稻虾种养模式和种养茬口衔接、病害防治等的重要性越发凸显，因此，本书着重解决稻虾种养产业中出现的一些现状问题，期待能够为生产提供行之有效的借鉴。目前，稻虾种养产业中如下几个现状或问题相对比较突出，简单列之。

一、规模化、组织化程度相对较低

专门从事稻虾综合种养企业、专业合作社和养殖大户占比不高，多以一家一户经营为主，且规模小。由于规模化、组织化程度低，一是导致粗放型种养占主导，生产及管理成本高，缺乏规模效应；二是经营主体分散，难以在生产和销售等方面形成合力，对种养区域化布局、标准化生产、产业化运营、社会化服务等均构成制约，尤其是难以形成品牌，产品优质和优价无从体现。此外，田块面积越小，稻田开挖养殖沟的面积越容易超出标准，偏离以渔促稻的发展原则。

二、产业发展、资金投入缺乏长远规划

由于稻虾综合种养产业涉及面广、部门多，各部门在产业发展规划、项目资金安排、示范基地建设、技术指导培训等方面的政策措施难以形成合力，导致目前一些地方稻渔产业发展规划与乡村旅游等其他产业发展规划契合度不高、适用性不强，跟不上产业发展的实际需求。

从稻虾综合种养产业的长远发展来看，除田间工程建设外，路、水、电、仓储、交易市场等一系列产业发展的配套基础设施建设亟须提升改造，国家和地方政府部门应更多在政策和资金上进行扶持。

三、基础理论研究不足，关键技术有待突破

稻虾综合种养中，采用稻虾连作方式的比较多，而稻虾共作相对较少，主要原因在于稻虾共作对水稻品种的要求较高，如抗

倒伏性、抗病虫害等，目前适合稻虾共作的水稻品种还不多，需要大力育种开发。另外，近年来小龙虾养殖也面临一些问题，迫切需要解决，如小龙虾的种质、病害等。目前稻虾种养的小龙虾养殖苗种来源多采用稻田原位繁殖，自繁自育，造成个体小、抗病性差等问题。现有的稻渔综合种养技术基本是建立在对实践经验的总结，制约了技术模式的进一步发展。此外，由于稻渔综合种养是一项涉及水产、种植、农机、农艺、农经、农产品加工等多方面技术融合的系统工程，通晓多领域技术的复合型人才凤毛麟角，从业人员专业素质不高，很大程度上制约了产业的进一步发展。

四、稻虾综合种养技术、标准推广有待加强

由于稻虾综合种养的综合效益高，一些地方在地区发展能力与产业发展条件不匹配的情况下，简单复制、强行推广稻虾综合种养，不仅造成资源浪费，还容易出现种养环境不达标、稻米产量偏低、产品抽检不合格等情况。因此在关键技术的推广上，亟须向技术相对薄弱的新发展地区倾斜。此外，由于水产养殖效益通常高于单一水稻种植，受经济利益驱动，个别经营主体稻田开挖养殖沟面积过大，偏离了以渔促稻的发展原则，需进一步加强《稻渔综合种养技术规范：通则》等标准的宣传与贯彻和相关标准的制定，明确各种模式在稳粮、生态、环保等方面的技术指标，规范稻渔综合种养的行为，切实做到稻渔互促，持续健康发展。

五、拓宽空间、拉长时间，稻虾综合种养的发展思路简析

大部分一季稻一季虾的生产模式下生产的小龙虾 70% ～ 80% 都是小虾，早期作为虾苗出售，后期作为库虾卖给加工厂作为加工原料。随着虾苗和库虾逐渐无利可图，必须改变生产方式。

随着小龙虾产业从大规模粗放型发展逐步向高规格、高质量方

向发展，随着市场价格走低，盈亏平衡点下降，出早虾、出大规格虾，才能获得较好的经济效益，必然要开展冬季提早繁苗以提高小苗规格，繁养分离提高生长速度，SPF（无特定病原）小龙虾新品种培育控制病害，晚熟深水型水稻新品种选育拓宽稻虾生长空间等相关技术的研究与应用。

1. 小龙虾苗种提早繁育技术

发展冬季养殖，或者培育春季大规格苗种。充分掌握小龙虾的生殖习性，挖掘小龙虾秋季育苗、冬季育苗的产能，从稻田天然育苗向人工辅助育苗发展，在土池、水泥池、土工布池等各种条件下，因地制宜，构建温棚，促进小龙虾幼体在秋季、冬季快速生长，向前拉长小龙虾的生长周期，在水稻插秧之前收获大规格商品虾，将是最近几年养殖户普遍关心的一个话题。

2. 稻虾繁养分离生产技术

苗虾、成虾养殖在一块稻田中，必然病害变多、生长速度慢，成虾规格小，效益下降。因此，必须开展稻虾繁养分离生产，设置专门的育苗稻田、专门的养虾稻田。繁养分离将是今后一段时期的主要生产模式。

3. 小龙虾新品种选育

每年 5 月，小龙虾病害高发，为稻虾综合种养带来了巨大的困扰，为了种稻，虾苗投放时间要越早越好；为了避免病害，虾苗不能在 5 ～ 6 月投放；为了避开夏季高温，小龙虾容易停止生长，转向性成熟且交配打洞。因此，早繁苗、抗病苗、耐高温苗等具有新型生长性能的小龙虾新品种选育，将是未来小龙虾养殖研发的主攻方向。

4. 适合稻虾模式的水稻新品种选育

水稻生长过程中需要烤田壮棵、干湿壮籽等操作，压缩了小龙虾的生长空间；稻虾共养时为了保护小龙虾的生长需要，大量减少了农药、化肥、除草剂的使用，给水稻除草、除虫防病带来了难题。因此，品种抗倒伏、不需要烤田等新的生产需求，将是今后几年稻虾种养模式下，水稻新品种选育的一个重点。

第二章 小龙虾与水稻的种养适性

从生物传播的角度来看，小龙虾是世界性食品，源于美国南部的密西西比河流域以及墨西哥北部相关水域，由人类的活动导致全球分布。小龙虾于1918年引入日本，20世纪30年代由日本引入我国，最早的引入地为江苏南京，20世纪60年代后期由“上山下乡”知青携带至苏北地区，随后逐渐扩散至江西、湖北、湖南、云南等地，进入21世纪已遍布祖国的大江南北。

从消费发展的角度来看，起初小龙虾作为工作之余的观赏动物，后来较多的用作鱼饵。随着欧美工业的发展，在许多人口密集区，很多饭店用小龙虾做菜，这样使天然的小龙虾资源得到进一步开发，从单纯的鲜活螯虾买卖发展为专门的螯虾加工业，根据不同地区的消费习惯，已逐步形成螯虾系列食品。

从我国的小龙虾产业发展的角度来看，小龙虾产业开发大体可分为三个阶段：一是捕捞野生小龙虾发展加工阶段；二是顺应市场需求探索小龙虾养殖阶段；三是产业化推进打造优势主导产业阶段。20世纪80年代末，主要以捕捞野生资源进行产品加工出口为主，出口的加工产品主要包括冻熟虾仁、带壳整虾、冻熟凤尾虾等几大类。20世纪90年代中期我国小龙虾出口较大，每年都有4万吨左右的小龙虾出口至北美及欧洲地区，1999 年出口量接近 10 万吨，其中至少有 7 万吨出口至美国。进入 21 世纪后，随着国际市场的变化和国内消费市场的热销，国内消费量慢慢超过出口。随着小龙虾市场价格的升高，野生捕捞逐渐转向人工养殖，近十年来迅速发展成为一个非常重要的水产经济动物，超过 500 万人从事小龙虾养殖、储运和加工销售。

第一节　小龙虾形态特征与生活习性

一、形态特征

全世界共有淡水小龙虾 500 多种，绝大部分种类生活在淡水里，少数种类生活在黑海与里海的半咸水中。小龙虾是典型的北半球温带内陆水域动物，终生生活于淡水水域。淡水螯虾分三个科（蟹虾科、螯虾科、拟螯虾科）、12 个属。北美洲是淡水小龙虾分布最多的地方，分布在北美洲的有两个科（蟹虾科、螯虾科），362 个种和亚种；其次为澳洲，有 110 多个种，仅澳大利亚就有 97 个种；欧洲有 16 个种；南美洲有 8 个种；亚洲约有 7 个种，分布在西亚地区以及中国、朝鲜、日本和俄罗斯的西伯利亚等地。

本书介绍的淡水小龙虾，学名为克氏原螯虾，俗称螯虾，是淡水螯虾类，在分类上属动物界、节肢动物门、甲壳纲、十足目、爬行亚目、螯虾科、原螯虾属。

1. 外部形态

小龙虾体形粗短，左右对称，体表具坚硬的外骨骼，整个身体由头胸部和腹部两部分组成，头部和胸部粗大完整，且完全愈合为

一个整体，称为头胸部，其前端有一额角，呈三角形。额角表面中间凹陷，两侧隆起，具有锯齿状尖齿，尖端锐刺状。头胸甲中部有两条弧形的颈沟，组成倒“人”字形，两侧具粗糙颗粒。腹部与头胸部明显分开，分为头胸部和腹部。小龙虾全身由21个体节组成，除尾节无附肢外共有附肢19对，其中头部5对、胸部8对、腹部6对，尾节与第六腹节的附肢共同组成尾扇。小龙虾游泳能力甚弱，善匍匐爬行（图2–1、图2–2）。

图2–1　小龙虾苗种

图2–2　成虾

腹部分节明显，包括尾节共计 7 节，节间有膜，外骨骼通常分为背板、腹板、侧板和后侧板，尾节扁平。腹部附肢 6 对，双肢型，称为腹肢，又称为游泳肢，但不发达。雄性个体第一、二对腹肢变为管状交接器，雌性个体第一对腹肢退化（图 2–3）。尾肢十分强壮，与尾柄一起合称尾扇。

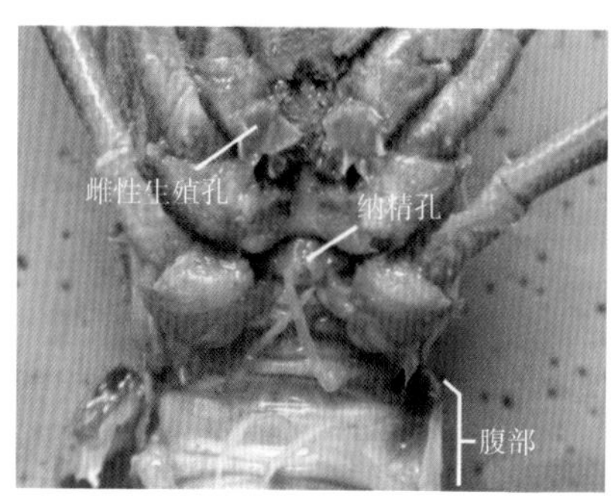

雌性

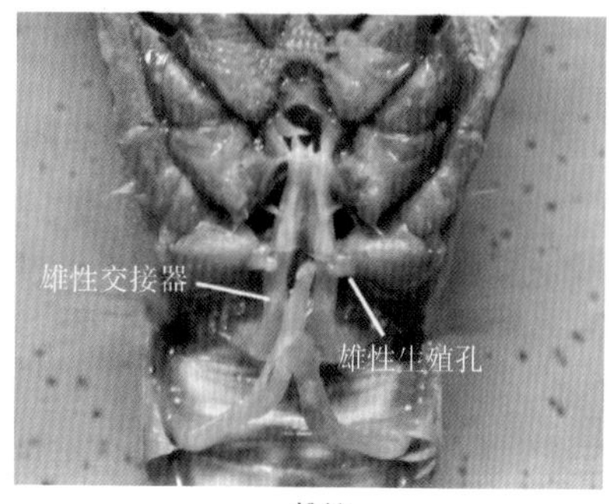

雄性

图 2–3　小龙虾雌雄鉴别

2. 体色

淡水小龙虾的全身覆盖由几丁质、石灰质等组成的坚硬甲壳，对身体起支撑、保护作用，称为“外骨骼”。 性成熟个体的体色呈暗红色或深红色，未成熟个体为青色或青褐色，有时还可见蓝色。淡水小龙虾的体色常随栖息环境不同而变化，如生活在长江中的小龙虾性成熟个体呈红色，未成熟个体呈青色或青褐色；生活在水质恶化的池塘、河沟中的小龙虾性成熟个体常为暗红色，未成熟个体常为褐色，甚至为黑褐色。这种体色的改变，是对环境的适应，具有自我保护作用（图 2–4、图 2–5）。

图 2-4　青壳小龙虾

图 2-5　红壳小龙虾

3. 内部结构

小龙虾体内无脊椎，分为消化系统、呼吸系统、循环系统、排泄系统、神经系统、生殖系统、肌肉运动系统、内分泌系统八大部分（图 2-6）。

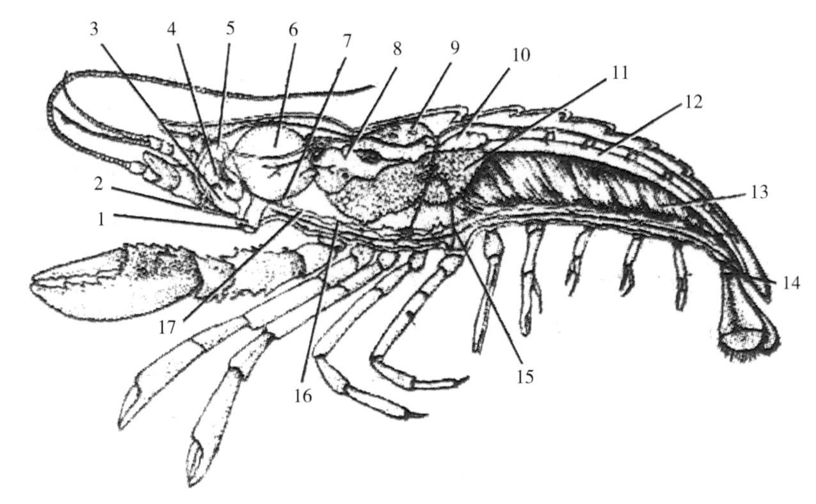

图 2-6　小龙虾身体结构图

1—口；2—食管；3—排泄管；4—膀胱；5—绿腺；6—胃；7—神经；8—幽门胃；9—心脏；10—肝胰脏；11—性腺；12—肠；13—肌肉；14—肛门；15—输精管；16—副神经；17—神经节

消化系统由口、食管、胃、肠、肝胰脏、直肠及肛门组成。口开于大颚之间，后接食管，食管很短。食物由口器的大颚切断咀嚼送入口中，经食管进入胃。胃膨大，分贲门胃和幽门胃两部分，贲门胃的胃壁上有钙质齿组成的胃磨，幽门胃的内壁上有许多刚毛。食物经贲门胃进一步磨碎后，经幽门胃过滤进入肠，在头胸部的背面，肠的两侧各有一个黄色分支状的肝胰脏，肝胰脏有肝管与肠相通。肠的后段细长，位于腹部的背面，其末端为球形的直肠，通肛门，肛门开口于尾节的腹面。在胃囊内，胃外两侧各有一个白色或淡黄色、半圆形纽扣状的钙质磨石，蜕壳前期和蜕壳期较大，蜕壳间期较小，起着钙质的调节作用。肝胰脏较大，呈黄色或暗橙色，由很多细管构造组成，有管通中肠。肝胰脏除分泌消化酶帮助消化食物外，还具有吸收贮藏营养物质的作用。

呼吸系统由鳃组成，共有鳃 17 对，在鳃室内。其中 7 对鳃较

为粗大，与后两对颚足和五对胸足的基部相连，鳃为三棱形，每棱密布排列许多细小的鳃丝。其他10对鳃细小，薄片状，与鳃壁相连。鳃室的前部有一空隙通往前面，淡水小龙虾呼吸时，颚足驱动水流入鳃室，水流经过鳃完成气体交换，溶解在水中的二氧化碳通过扩散作用进行交换，完成呼吸作用。水流的不断循环，保证了呼吸作用所需氧气的供应。

神经系统由神经节、神经和神经索组成。神经节主要有脑神经节、食管下神经节等，神经则是连接神经节通向全身，从而使小龙虾能正确感知外界环境的刺激，并迅速作出反应。淡水小龙虾的感觉器官为第一、第二触角以及复眼和生在小触角基部的平衡囊，司嗅觉、触觉、视觉及平衡功能。现代研究证实，淡水小龙虾的脑神经干及神经节能够分泌多种神经激素，这些神经激素起着调控淡水小龙虾的生长、蜕皮及生殖生理过程。

小龙虾雌雄异体，其雄性生殖系统包括精巢3个、输精管一对及位于第五对步足基部的一对生殖突。精巢呈三叶状排列，输精管有粗细两根，通往第五对步足的生殖孔。其雌性生殖系统包括卵巢3个和输卵管一对，卵巢呈三叶状排列（图2-7），输卵管通向第三对步足基部的生殖孔。淡水小龙虾雄性的交接器和雌性的纳精囊虽不属于生殖系统，但在淡水小龙虾的生殖过程中起着非常重要的作用。

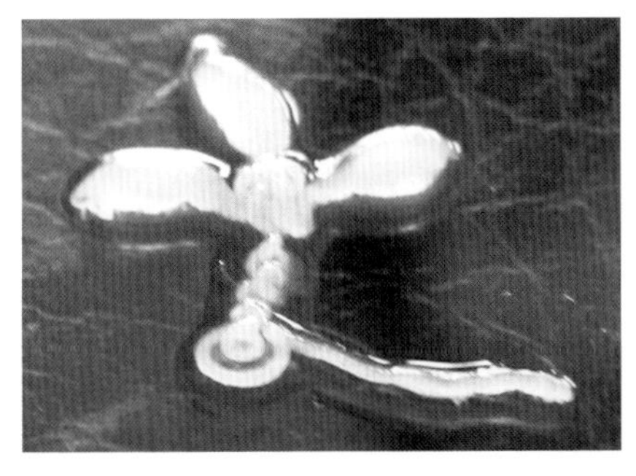

图2-7　小龙虾性腺（左：精巢；右：卵巢）

小龙虾的头部大触角基部内部有一对绿色腺体，腺体后有一个膀胱，由排泄管通向大触角的基部，并开口于体外。

二、生活习性

1. 栖息

小龙虾喜阴怕光，常栖息于沟渠、坑塘、湖泊、水库、稻田等淡水水域中，营底栖生活，具有较强的掘穴能力；亦能在河岸、沟边、沼泽，借助螯足和尾扇，挖掘洞穴，栖居繁殖。当光线微弱或黑暗时爬出洞穴，通常抱住水体中的水草或悬浮物，呈“睡眠”状。受到惊吓或光线强烈时则沉入水底或躲藏于洞穴中，具有昼夜垂直运动现象。受惊或遇敌时迅速向后，弹跳躲避。小龙虾离水后，保持湿润还能生活 7 ～ 10 天。小龙虾白天潜于洞穴中，傍晚或夜间出洞觅食、寻偶。

2. 环境要求

小龙虾适应性广、对环境要求不高，无论江河、湖泊、水渠、水田和沟塘都能生存，出水后若能保持体表湿润，可在较长时间内保持鲜活，有些个体甚至可以忍受长达 4 个月的干旱环境。水体中的溶解氧是影响小龙虾生长的一个重要因素。小龙虾昼伏夜出，耗氧率昼夜变化规律非常明显，正常生长要求溶解氧在 3 毫克 / 升以上。在水体缺氧严重时，小龙虾会大量爬上岸，有的借助水中的漂浮物或水草将身体侧卧于水面,利用身体一侧的鳃呼吸以维持生存。

3. 水温

小龙虾生长的适宜水温为 20 ～ 32℃，当温度低于 20℃或高于 32℃时，生长速度下降。成虾耐高温和低温的能力比较强，能适应 40℃以上的高温和 –15℃的低温。在珠江流域、长江流域和淮河流

域均能自然越冬。

第二节　小龙虾的摄食与生长

一、摄食

小龙虾的食性杂，植物性饵料和动物性饵料均可食用，各种鲜嫩的水草、水体中的底栖动物、软体动物、大型浮游动物等都是小龙虾的喜食饲料。当饵料缺乏时，小龙虾也会摄食其他鱼虾的尸体及同类的尸体。在生长旺季，池塘下风处浮游植物很多的水面，能观察到小龙虾将口器置于水平面用两只大螯不停划动水流将水面藻类送入口中的现象，表明小龙虾甚至能够利用水中的藻类。

刚孵出的幼虾以其自身存留的卵黄为营养，之后不久便摄食轮虫等小型浮游动物，随着小龙虾个体不断增大，则摄食较大的浮游动物、底栖动物和植物碎屑。

成虾兼食动植物，主食植物碎屑、动物尸体，也摄食水蚯蚓、摇蚊幼虫、小型甲壳类及一些水生昆虫。由于其游泳能力较差，在自然条件下对动物性饲料捕获的机会少，因此在小龙虾的食物组成中植物性成分占 98% 以上。在养殖小龙虾时，种植水草可以大大节约养殖成本。小龙虾喜爱摄食的水草有苦草、轮叶黑藻、凤眼莲、水浮莲、喜旱莲子草、水花生等。池中种植水草除了可以作为小龙虾的饲料外，还可以提供隐蔽、栖息场所，同时也是虾蜕壳的良好场所。

小龙虾摄食方式是用螯足捕获大型食物，撕碎后再送给第 2、3 对步足抱食。对小型食物则直接用第 2、3 对步足抱住啃食。小龙虾猎取食物后，常常会迅速躲藏，或用螯足保护，以防其他虾来

抢食。

小龙虾摄食能力很强，且具有贪食、争食的习性，饵料不足或群体过大时，会有相互残杀的现象发生，尤其会出现硬壳虾残杀并吞食软壳虾的现象。小龙虾摄食多在傍晚或黎明，尤以黄昏为多，人工养殖条件下，经过驯化，白天也会出来觅食。小龙虾耐饥饿能力很强，十几天不进食，仍能正常生活。其摄食强度在适温范围内随水温的升高，摄食强度增加。摄食的最适水温为 25 ～ 30℃，水温低于 8℃或超过 35℃摄食明显减少，甚至不摄食。

二、生长

小龙虾生长适宜水温 18 ～ 31℃，最适水温 22 ～ 31℃。在适宜的温度和充足饲料的自然条件下，体长为 5 厘米的小龙虾苗种，经过 2 ～ 3 个月的饲养，即可达到性成熟，体长在 12 厘米以上，体重达到 30 克。在人工饲养的条件下，生长速度明显加快，如果投喂膨化颗粒饲料，同样体长 5 厘米的虾苗，最快只需 28 天，就可以长到 50 克以上。雄性个体比雌性生长快，因此，同龄小龙虾个体往往是雄虾明显大于雌虾。

三、蜕壳

同其他甲壳动物一样，小龙虾蜕壳一次就长大一次。经过一次蜕壳，体重最大可以增长 95%，体长也会相应增长。一般经过 11 次蜕壳，就可以达到性成熟，性成熟以后，还可以继续蜕壳生长，继续增加体长、体重。

小龙虾幼体阶段一般 2 ～ 4 天蜕壳一次，幼体经 3 次蜕壳后进入幼虾阶段。在幼虾阶段，每 5 ～ 8 天蜕壳一次，在成虾阶段，一般每 8 ～ 15 天蜕壳一次。小龙虾从幼体阶段养成至商品虾需要蜕壳 11 ～ 12 次，蜕壳是它生长发育、增重和繁殖的重要标志，每蜕

壳一次，它的身体就增长一次。蜕壳一般在洞内或草丛中进行，每完成一次蜕壳后，短时间内其身体柔软无力，是小龙虾最易受到攻击的时期，蜕壳后的新体壳于 12 ～ 24 小时后硬化。

小龙虾与其他甲壳动物一样，必须蜕掉体表的甲壳才能完成其突变性生长。小龙虾的生长唯有蜕壳才能增重，否则成为“铁壳虾”。据观察，在长江流域，9 月中旬脱离母体的幼虾平均全长约 1 厘米，平均重 0.04 克，到当年年底最大全长达 7.4 厘米，重达 12.24 克。在稻田或池塘中养殖到第二年 5 月，平均全长达 10.2 厘米，平均重达 34.51 克。因此，适宜的温度、水质和充足饵料是促进小龙虾蜕壳的必需因子。

第二节　小龙虾养殖适性

小龙虾生长速度较快，春季繁殖的虾苗，一般经 2 ～ 3 个月饲养，就可达到规格为 8 厘米以上的商品虾。小龙虾是通过蜕壳实现生长的，蜕壳的整个过程包括蜕去旧甲壳，个体由于吸水迅速增大，然后新甲壳形成并硬化。因此小龙虾的个体增长在外形上并不连续，呈阶梯形，每蜕一次壳，上一个台阶。经过多年发展，如今已经有池塘养殖、稻田养殖、藕田养殖、工厂化养殖等多种养殖模式，以及稻田育苗、工厂化育苗、大棚育苗等多种育苗技术（图 2-8）。

一、养殖时间适性

时间轴上，小龙虾养殖特别适合冬、春季多水，夏、秋季少水的区域，生产上可以分为育苗期、养殖期、捕捞期等，生物学上则可分为交配期、产卵期、育苗期、养殖期四个时期（图 2-9）。

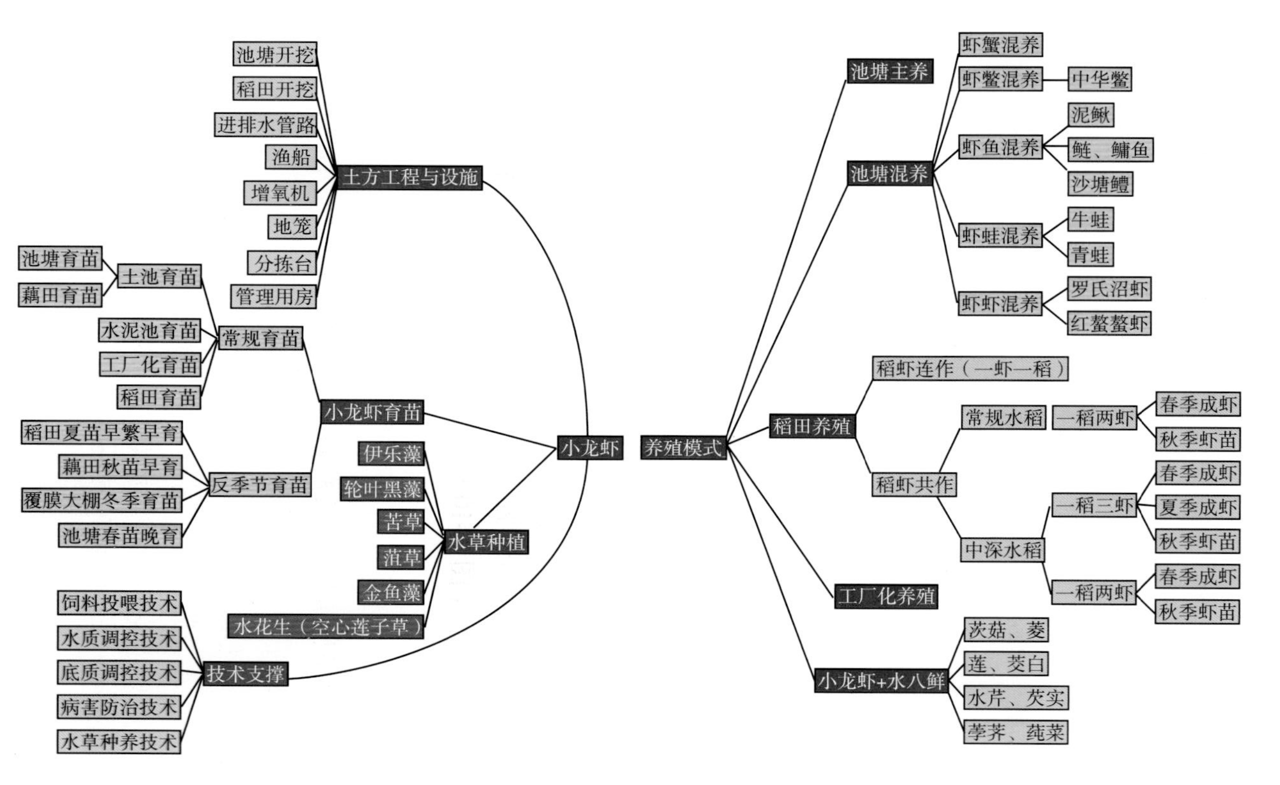

图 2-8 小龙虾养殖关键技术及模式示范图

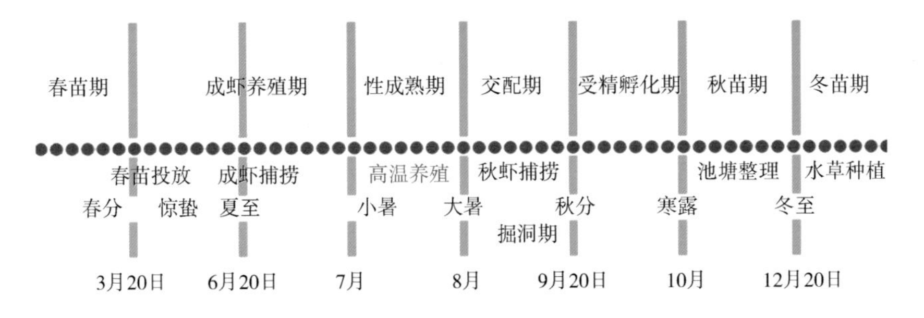

图 2-9　小龙虾养殖生产周期

1. 交配期（每年 7 ～ 9月）

交配一般发生在夏季到秋初的时间内（7 ～ 9 月），在其他时间，如果有剧烈的环境变化也可以观察到零星交配行为。

小龙虾有多雄交配的行为，即一尾雌虾在产卵前会和多尾雄虾交配，大部分雌虾有被迫交配的特征；所以，交配次数没有定数，有的仅交配1次，有的交配 3 ～ 5 次，每个交配的雄虾都有后代遗传，但总有一只雄虾为主导；雌虾交配间隔短则几小时，长则 10 多天。小龙虾的纳精囊为封闭式纳精囊，雌虾的卵母细胞要待雌、雄亲虾交配后才开始发育（图 2-10）。

2. 产卵期（每年 10 ～ 12月）

小龙虾交配后要数天后产卵，长的可达 2 ～ 3 个月后产卵，在自然水域中产卵行为大多在洞穴中进行。野外自然状态下，一般在 10 ～ 12 月份可以观察到雌性小龙虾腹部黏附有大量小龙虾卵（图 2-11）。如果小龙虾卵发育迟缓，在翌年 3 ～ 4 月也可以观察到带卵的雌性小龙虾。

扫一扫，观看“9 月小龙虾抱卵”视频

图 2-10　小龙虾卵细胞发育观察

图 2-11　抱卵虾

3. 育苗期（12 月～翌年 4 月）

一般认为小龙虾虾苗生长到 3～5 厘米/尾、300～400 尾/千克，

即可作为养殖用的苗种捕捞。离开母体后的幼虾在食物充足的情况下，一般经过 15 ～ 20 天生长，可以达到商品苗的要求。

4. 养殖期（每年 4 ～ 6 月）

无论是我国，还是美国，小龙虾养殖大都发生在每年的春末至夏初。小龙虾生长速度较快，春季繁殖的虾苗，一般经 2 ～ 3 个月饲养，就可达到规格为 8 厘米以上的商品虾。养殖管理比较好的池塘，食物供应充足的情况下，小龙虾苗经过 2 个月左右的养殖，一般平均规格可达 35 克以上 / 尾的商品虾标准。

二、养殖空间适性

空间轴上，小龙虾作为沼生的水生动物，适宜在 20 ～ 100 厘米水深的环境中生活、生长。在交配期和产卵期，小龙虾不需要地表水层，仅需要洞穴中保留一定深度的水渍，保持湿润状态即可，几个月也不会死亡。小龙虾苗种转运可以在湿润状态下 2 ～ 4 小时，都可以继续投入池塘开展养殖。商品小龙虾转运销售，在保持湿润、适当低温的条件下，可以存活超过 30 小时。

1. 有水空间

小龙虾池塘养殖条件下，水深一般在 0.8 ～ 1.2 米，适合小龙虾以及螃蟹等虾蟹类品种的生活和生长。

小龙虾稻田养殖条件下，交配产卵期，稻田没有地表水层或地表水层 3 ～ 5 厘米，大都发生在水稻烤田壮棵，或薄水分蘖期间。水稻收割后上水淹青，保持地表水层 0.1 ～ 0.2 米，雌性小龙虾即会从洞穴中出来，在稻梗或者水草下孵化小龙虾苗。商品小龙虾养殖过程中，一般需要 0.3 ～ 0.5 米的水深（图 2-12）。

图 2-12　小龙虾有水空间

图 2-13　小龙虾无水空间

2. 无水空间

小龙虾生活、生长需要水中的溶解氧作保障。当水中溶解氧低

于3毫克/升时，小龙虾会因为缺氧趴在水草上，或者从水中爬到池埂上。当小龙虾缺氧上岸时，可以在半夜或凌晨，观察到池塘四周有大量小龙虾绕着防逃网乱爬。当小龙虾离水后，可以利用鳃来利用湿润空气中的溶解氧而保持数小时不会死亡（图2-13）。

扫一扫，观看“小龙虾缺氧爬边”视频

小龙虾在转运时，转运箱内一般会加冰块或冰盒，小龙虾处于低温休眠状态，呼吸也降低到最小，所以能长时间运输而不死亡。

三、社会适性

小龙虾领域行为明显，它们会精心选择某一区域作为领域，在其区域内进行掘洞、活动、摄食，不允许其他同类进入，只有在繁殖季节才有异性进入。研究发现，在人工养殖小龙虾时，有人工洞穴的小龙虾存活率为92.8%，无人工洞穴的对照组存活率仅为14.5%，差异极显著。究其原因主要是小龙虾领域性较强，当多个拥挤在一起的小龙虾进入彼此领域时就会发生打斗，造成伤亡。

小龙虾生性好斗，在饲料不足或争夺栖息洞穴时，往往出现相互搏斗现象。小龙虾个体间较强的攻击行为将导致种群内个体的死亡，引起种群扩散和繁殖障碍。有研究指出，小龙虾幼体就显示出了种内攻击行为，当幼虾体长超过2.5厘米时，相互残杀现象明显，在此期间如果一方是刚蜕壳的软壳虾，则很可能被对方杀死甚至吃掉。因此，人工养殖过程中应适当移植水草或在池塘中增添隐蔽物，以增加环境复杂度，减少小龙虾之间相互接触的机会。

第四节　水稻种植适性

水稻是我国的主要粮食作物，是差不多一半以上人口的口粮，也是多数人赖以生存并感觉幸福的依据。新石器时代种植水稻以来，水稻成为南方地区的主要食物。隋唐以来，随着北方黄河流域战争，经济重心向南方转移，依靠南方水稻为主体的农业支持。在明清时期，水稻不只是穷人的食物，而是多数人的美食。水稻生产使得有“鱼米之乡”之称的苏杭一带被视为人间“天堂”，其中起决定作用的是水稻生产。到了明代，水稻生产向纵深发展，江汉平原一带大量围湖造田，加之当地长期冲积而形成的土地，接受了来自上游的土壤有机物质，非常肥沃，利于水稻生长，“湖广熟，天下足”开始流传，其作用毫无例外还是水稻（图 2-14、图 2-15）。

一、种植模式

今天，长江中下游地区多实行双季稻或者稻麦轮作的二熟制。麦是耐寒的作物，在寒冷的冬季可以越冬生长，种植麦类可以利用冬闲地，延长土地的利用时间。江苏、安徽等省份稻麦轮作相对较多。江西、湖南、湖北等省双季稻较多。珠江流域由于气温较高，雨水较多，多实行三季稻或二稻加一麦的三熟制，多熟种植提高了复种指数，增产了粮食。

二、栽插方式

手插秧是最传统的插秧方式，手插秧劳动强度大、工作效率低，均匀程度不如机插秧。随着我国社会经济发展，农村劳动力大量向

图 2-14　水稻扬花期

图 2-15　水稻壮籽期

城镇及其他产业转移，农村劳动力老龄化现象日趋严重，从事水稻生产的劳动力十分紧张，往往是零散地块或梯田山地才会选择手插秧。水稻季节性劳动力短缺已十分突出，水稻插秧季节日用工费用

很高，多数地区每亩手插秧用工费用每亩在 200 元以上，且插秧密度得不到保障。

抛秧是作业效率高、操作简单一种插秧方式，在手工移栽劳动力紧张的地区，确保了水稻基本苗的稳定。该技术在我国的广大稻区均可采用，尤其适用于华南稻区的双季早、晚稻，长江中下游双季稻区的早稻以及北方稻区的单季稻。但抛秧对整田的要求较高，其均匀度直接关系到产量的高低，由于其无序分布也限制了产量的稳定和提高（图 2-16）。

图 2-16　水稻人工抛秧

直播水稻操作也比较简单，不需育秧和插秧过程，作业简化，省工节本。水稻直播根据播种的方式分为撒播、条播、穴播三种类型（图 2-17）。我国直播稻主要分布在长江中下游稻区，约占直播稻面积的 75%；其次，河南、黑龙江、内蒙古等省区也有较大面积分布；西北的宁夏、新疆水稻面积不大，但直播稻占比较高，宁夏 120 万亩水稻中的 95% 以上是直播稻。同时，近年来华南、西南稻区也呈发展之势。

水稻机插秧是与社会经济发展的需求相适应，以机械化作业为

图 2-17　水稻机械化穴直播

主的现代水稻生产技术体系，是水稻生产技术进入转型升级期的必然选择。水稻机械插秧能较好地解决水稻生产季节与品种生育期的问题，抗倒性好，适应性强。我国水稻机插技术从日本和韩国引进，存在育秧播种量大，秧苗素质差，伤秧和漏秧率高，机插每丛苗数不均匀等问题。针对这些问题，我国研发了农业农村部主推的多项机插秧配套技术，如水稻叠盘出苗育秧技术、水稻精量育秧播种技术、杂交稻单本密植大苗机插栽培技术及水稻钵型毯状秧苗机插技术，促进了机插秧的发展，全国机插秧面积约占水稻种植面积的 44%。

再生稻是利用一定的栽培技术使头季稻收割后稻桩上的休眠芽萌发生长成穗而收割的再生季水稻。再生稻由于不需种子、不用育秧、不需耕耙大田，不用插秧，是最省工高效的水稻栽培方式。一般在种植两季不足、种植一季有余的地区中稻收获后，利用秋播前两个多月的空闲时间，蓄留一季再生稻，充分利用秋季光温资源，实行一次种植两次

扫一扫，观看“6 月稻虾田机械插秧”视频

收获，多产一季稻谷，并且节本省工。但目前生产上强再生力品种不多，且配套技术不到位，要蓄留再生稻则头季稻机械收割等问题需进一步加强。

三、水稻种植的时间—空间特性

水稻的生长周期包括幼苗期、返青期、分蘖期、长穗期和抽穗结实期等，根据水稻的品种和种植环境不同，还可以有其他细分。一般情况下，秧苗期25～30天（播种后25～30天），有效分蘖期25～30天（播种后30～60天），无效分蘖期15天（播种后60～75天），拔节孕穗期30天（播种后60～90天，拔节和无效分蘖时部分时间重复），抽穗期10天（播种后90～100天），扬花期10天（播种后100～110天），灌浆期7～15天（播种后110～115天），成熟期35～40天（播种后115～155天），全生育期120～155天。早稻一般全生育期110～125天，晚稻一般全生育期155～170天（图2-18）。

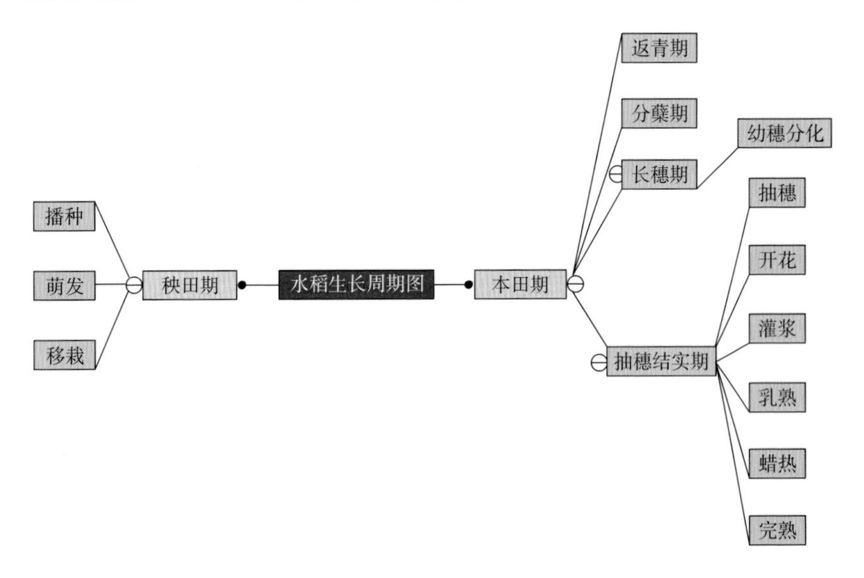

图2-18　水稻生长周期图

1. 水稻种植的时间要求

水稻种植可分早稻、中稻、晚稻，种植时间大致如下。

（1）早稻　一般于3月底～4月初播种，收获季节为7月中下旬。长江流域地带最适合在3月下旬至4月上旬进行播种。栽培时间早，成熟时间也早，生长期为90～120天。早稻适合种植的区域主要分布在南方，如湖南、广西、广东等地。

（2）中稻　一般于4月初至5月底播种，收获季节为9月中下旬。中稻适合大部分地区种植，一般生长期为120～150天，育苗方式主要以湿润秧田、两段育秧为主，中稻的口感较早稻和晚稻而言是最好的。中稻主要产地为湖南、江苏、四川、黑龙江、湖北、云南、重庆等。

（3）晚稻　一般于6月中下旬播种，收获季节为10月中上旬。晚稻生长期较长，而且成熟期偏晚，它的生长期在150～170天。晚稻适合种植的区域与早稻相近，也主要以南方种植为主。

2. 水稻种植的温度要求

水稻喜高温、多湿、短日照，对土壤要求不严，水稻土最好。幼苗发芽最低温度10～12℃，最适温度28～32℃。分蘖期日均20℃以上，穗分化适温30℃左右；低温使枝梗和颖花分化延长。抽穗适温25～35℃。开花最适温度30℃左右，低于20℃或高于40℃，严重影响受精。每形成1千克稻谷需水500～800千克。

3. 水稻种植对水层的要求

把握好“浅水插秧，寸水返青，薄水分蘖，苗够晒田，大水孕穗，过水促穗，湿润壮籽”的水层管理，是水稻高产稳产的重要技术环节（图2-19）。

（1）插秧期水层管理　水稻移栽时田面要保持一定的水层深

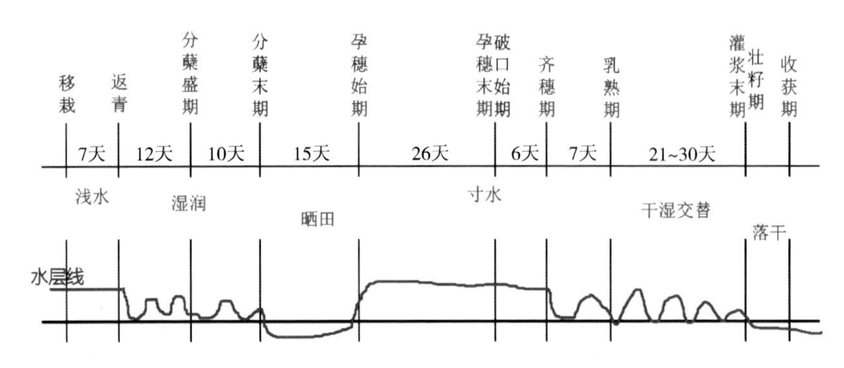

图 2-19　水稻生长周期——水层管理示范图

度，可防止移栽时倒苗和植株没水过多而发生淹苗现象，水层深度根据秧苗大小灵活掌握，水层深度以栽秧后淹过植株 1/3 左右为宜。

（2）返青期水层管理　水稻灌溉总的原则是花达水泡田、花达水整地、花达水插秧，插秧后立即灌深水护苗，水深苗高 2/3，以不淹没秧苗心叶为准，浅水增温促蘖。

（3）分蘖期水层管理　水稻返青后，保持 3 ～ 5 厘米浅水层，以利增加水温和泥温，加快土壤还原进程，提高磷元素、钾元素和微量元素的溶解度和可吸收数量，加快水稻生长速度，促进水稻分蘖。

（4）生育转换期水层管理　水稻进入有效分蘖临界叶位（11 叶品种 7 叶、12 叶品种 8 叶），田间达到计划茎数 80% 时，选择晴好天气晾田 3 ～ 5 天，控制无效分蘖，而后转为以壮根为主的间歇灌溉，即每次灌 3 ～ 5 厘米水层，停灌自然渗干，到地表无水，脚窝有水时再灌 3 ～ 5 厘米水层，如此反复直到主茎长出倒 3 叶为止。通过晾田和间歇灌溉，不断向土壤中输送氧气，排出有害物质，使根系下扎，壮根壮秆，为长穗期生育打下基础。

（5）长穗期水层管理　有穗分化期、扬花期、孕穗期、长穗期实行浅水间歇灌溉，即一次灌 3 ～ 5 厘米水层，自然渗干至田面

无水，脚窝尚有点水时再灌 3 ～ 5 厘米水层，如此反复。如有低温冷害时，当剑叶部分抽出时，逐步加深水层，当剑叶叶耳距下叶叶耳间距 ±5 厘米时，用温度 18℃以上的水建立 18 ～ 20 厘米水层，防御障碍型冷害，以后恢复浅水灌溉。如有生育过旺叶色偏深的地块，在抽穗前 4 ～ 5 天可适当晾田，促进根系发育，防止倒伏，提早抽穗。

（6）结实期水层管理　要求出穗期浅水，齐穗后间歇灌溉，前期多湿，后期多干少湿，做到以水调肥、以水调气、以气养根、以根保叶，利于高产。抽穗后 30 天以上再停灌，腊熟末期停灌，黄熟初期排干。

第五节　水稻和小龙虾主要种养模式

水稻是典型的夏季种植、秋季收获、冬季歇田的生产模式。小龙虾则是夏季交配、秋季产卵、冬春出苗、春末养殖收获的生产模式。水稻和小龙虾两个物种的生长时间不同，为稻虾综合种养提供了产业耦合空间。经过多年发展，包括中国、美国在内的小龙虾稻田综合种养结合孕育出了几种模式（图 2–20）。

一、小龙虾—水稻（稻虾连作）模式

稻虾连作是目前综合种养面积最大的生产模式，易于操作，便于生产管理。各地根据气温的差异而有变化。正常气候条件下，湖南的洞庭湖流域气温要明显高于山东南部微山湖流域，因而洞庭湖流域小龙虾苗种的出苗时间一般要比微山湖流域早 15 ～ 20 天。

稻虾连作模式一般是 3 ～ 4 月完成小龙虾苗种投放，经过

图 2-20 稻虾种养模型示意图

40 ～ 60 天的养殖，商品虾于 5 月下旬～ 6 月中旬捕捞销售；6 月中下旬种植水稻，10 月水稻收割，11 ～ 12 月稻田休耕，12 月至翌年 3 月上水种草等待虾苗投放，完成种养周期。

以小龙虾育苗为主的稻虾连作模式。该模式一般 5 月上中旬开始种植水稻，6 月下旬～ 7 月上旬投放种虾，8 月下旬～ 9 月中旬完成水稻收割，10 月上水种草，10 月至翌年 3 月小龙虾育苗，3 ～ 4 月商品小龙虾苗种捕捞销售，完成综合种养周期。

二、小龙虾—水稻—小龙虾（稻虾共作）模式

由于大部分水稻种植期间需要烤田，小龙虾无法在稻田内养殖，近年来，各地因地制宜衍生出一些小龙虾可以在稻田生长的模式，商业模式名称有“一稻二虾”“一稻三虾”等说法，基本过程是，3 ～ 4 月投放虾苗，5 月下旬～ 6 月上中旬捕捞商品虾，6 月中下旬种植水稻，水稻返青后投放小龙虾大规格苗，8 月下旬～ 9 月上

中旬捕捞第二茬商品小龙虾，10 月中下旬水稻收割，11 ～ 12 月稻田休耕，12 月至翌年 3 月上水种草等待虾苗投放，完成种养周期。该模式中第二茬小龙虾苗种投放由于发生在夏季高温季节，解决虾苗高温条件下死亡高的问题是关键。水稻生长期内少烤田，提供利于小龙虾生长需要的 30 ～ 50 厘米深度的水层是操作成功的另一个关键措施。

三、小龙虾—水稻—鱼模式

小龙虾—水稻—鱼模式是稻虾种养模式的衍生，该模式使流水槽和稻田形成一个良性的闭合循环体系，解决了流水槽养殖尾水处理技术短板、稻渔综合种养效益提升与绿色发展新要求的瓶颈问题，实现了零排放、零化肥、减药、绿色、生态、增收的综合效益。基本过程与小龙虾—水稻（稻虾连作）模式类似，不同之处在于稻田四周环沟内架设流水养鱼槽。水槽养鱼一方面实现了高密度养殖，另一方面推动了全池塘水体的流动，利于水稻、小龙虾生长，提高了产量和质量（图 2–21 ～图 2–23）。

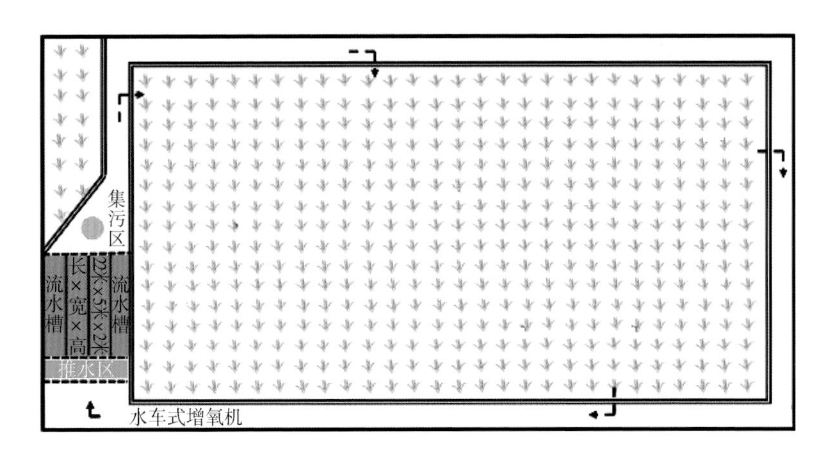

图 2–21　小龙虾—水稻—鱼种养模式图（一）

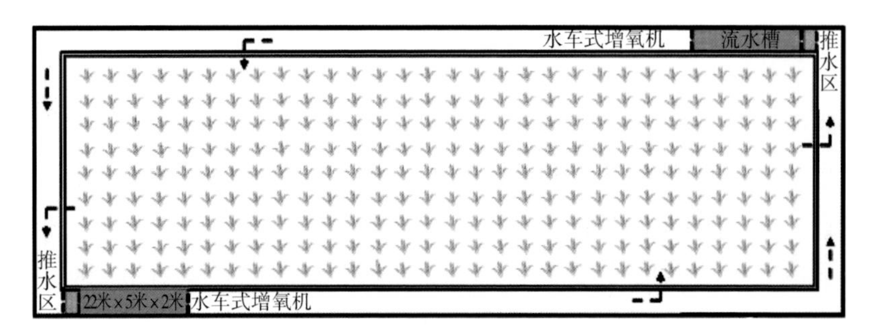

图 2-22　小龙虾—水稻—鱼种养模式图（二）

图 2-23　小龙虾—水稻—鱼种养工程

四、水稻—小龙虾—牧草模式

水稻—小龙虾—牧草模式在美国有一定种养面积，其优点是利用季节性来获得同一田地一年内的两种作物。5 月中下旬～ 6 月，水稻种植，9 ～ 10 月水稻收获。水稻种植 6 周后投放小龙虾苗，在秋季、冬季和早春期间饲养。9 月水稻收获之后，残留的稻茬通常施氮肥并灌溉，以实现牧草的再生。这种轮耕模式下，早春种植水稻时，美国南部的水稻产量能够最大化。是适合小龙虾低密度养殖的生产方式。

五、水稻—小龙虾—休耕模式

在轮耕系统中使用小龙虾，有时还使用大豆。这种轮作适用于连续几年通常不在同一领域种植水稻，以帮助控制水稻疾病和杂草以获得最大的水稻产量。田间轮作方式需要足够的土地资源，以允许农场内不同领域的交错作物，并且这是大型商业稻农的首选种植模式。这种种植模式目前主要用于在美国路易斯安那州养殖小龙虾的大部分种植面积（图 2-24）。在未来，也可以适用于我国一些土地强制休耕的区域。

图 2-24　美国小龙虾捕捞方式

稻虾轮耕有几个优点。每种作物都可以更好地管理，并且可以延长小龙虾生产季节。例如，在早春或夏初用于播种大豆（或其他农作物）时，小龙虾的采收可以持续到晚春或初夏。此外，通过每年轮换物理位置，小龙虾不会有同一地区生长而越长越小的现象。一般情况下，轮耕后，小龙虾密度得到有效控制，密度降低，小龙虾的体积、重量通常更大。

第六节　稻虾生态种养的生态适性

一、生态种养对稻田水体环境的影响

生态种养能提高水温、水体溶解氧浓度、浮游生物数量和种类。水温对水稻生长发育、品质及产量都有很大影响。水温过低，会影响水稻的吸水能力，降低根对营养物质的吸收率；影响水稻的光合作用，导致生长发育迟缓，生理功能降低，最终降低产量。水温每升高 1℃，产量可提高 3.75%。水体溶解氧含量能通过影响土壤微生物活动、氧化还原电位、离子形态和土壤 pH 值而对土壤的氮素转化和水稻对氮素的吸收利用产生影响；提高水体溶解氧含量能提高水稻平均根长和增加根的条数，延缓根系和地上部分老化。稻田浮游植物能固定氮、吸收磷、提高土壤有机质含量、促进水稻生长，是农田生态系统中的重要生物类群（图 2–25）。

生态种养中的小龙虾拱土觅食活动会提高水体溶解氧含量，增大稻田中下层水和上层水的对流效应，使水面频繁波动和水体变浑，增加透入水体的有效太阳光辐射。浑水中的悬浮微粒吸收透入水面波纹的太阳光辐射，光能转化为热能，提高稻田水体温度，促进水稻根系有氧呼吸，加速有机物降解。研究表明，稻田养中华绒螯蟹、小龙虾，浮游植物的生物量显著提高，虾、蟹的活动会影响 pH 值和水体溶解氧含量，提高水体温度和光照度，虾、蟹的食物残渣能增加水体氮、磷的浓度。

综上所述，生态种养能改善水体理化性质，提高水体温度、水体光照度、水体溶解氧含量、浮游生物数量和种类，调节水体酸碱度，提高土壤有机质含量，提高水体氮、磷、钾的浓度，促进水稻

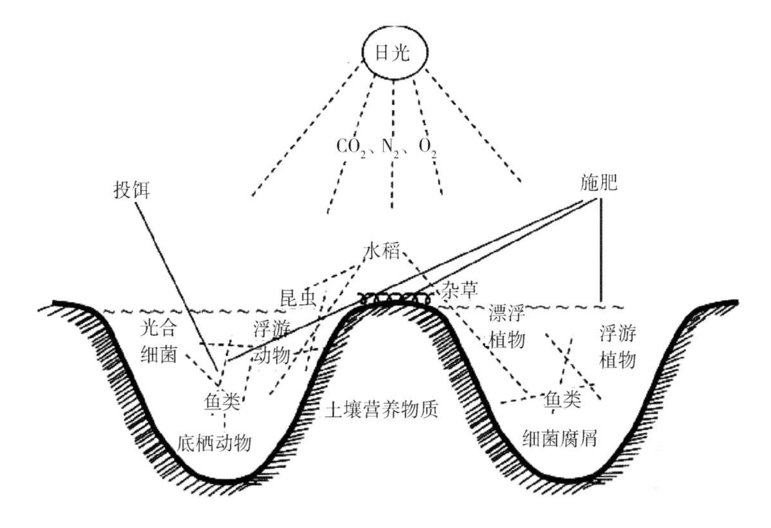

图 2-25 稻田种养生态系统示意图（仿曾和期，1979）

植株地下部分生长。

二、生态种养对稻田土层的影响

生态种养可以改善土壤养分状况，增加土壤速效氮、速效磷、速效钾和土壤有机质含量。小龙虾在觅食杂草、害虫、水稻枯病老叶以及水稻扬花时飘落的禾花的过程中，产生出含有粗蛋白质和氮、磷、钾等主要元素的粪便，增加了土壤有机质含量，加速肥料释放，提高土壤肥力。小龙虾投喂饲养会产生大量的食物残渣，可以为水稻生长提供养分。研究表明，稻虾种养模式能改善土壤理化性质，显著增加土壤氮、磷等养分含量。能够提高土壤中全磷、全氮含量，能增加土壤截存的磷量，降低土壤中磷亏缺。长期稻虾轮作显著提高了水稻土壤 0 ～ 10 厘米耕层的土壤速效钾、全磷含量，0 ～ 30 厘米耕层的全氮含量和 0 ～ 40 厘米耕层有机碳、全钾、碱解氮含量，增加了土壤养分。连续 3 年稻虾种养模式比常规中稻模式提高了稻田土壤中的全碳、全氮、硝态氮含量，对土壤碳 / 氮、土壤 pH 值及碱解氮含量无显著影响。稻虾共作模式能降低氮和磷的输出 / 输入比，促进土壤中氮和磷的累积，同时也会增加系统氮和磷的表观损失量。

生态种养可以改善土壤物理状况，改善土壤透气性和氧化还原电位，提高土壤团聚体和土壤结构系数，减小土壤容重，增大土壤总孔隙度和非毛管孔隙度。稻虾模式在一定时间内能改善生物学活性和土壤理化性状，但长期稻虾共作会降低土壤养分含量、土壤酶活性和微生物量，加速土壤碱化。土壤微生物能促进土壤有机质分解和养分转化。

三、生态种养对稻田甲烷排放的影响

水稻种植会排放大量甲烷，稻田甲烷排放量达到全球总排放量的 5% ～ 19%。稻田生态种养中小龙虾的活动增加了土壤与大气的接触，对土壤氧化还原状况进行了改善，提高了稻田水体溶解氧含量和甲烷氧化菌的活性，减缓了稻田温室气体排放。虾能啃食水稻枯枝败叶和杂草，减少有机残体在分解过程中产生的甲烷，虾的活动会增加水体溶解氧，加快甲烷氧化速度。徐祥玉等研究也表明，长期养虾可使深层土壤氧化还原状况得到显著改善，使稻田甲烷排放量降低，甲烷氧化量增加，养殖小龙虾还可抑制因秸秆还田所产生的甲烷增排效应。

四、生态种养对稻田杂草的影响

稻田杂草危害性较大，全世界水稻产量可能由此减少 10.8%。稻田中比较常见的稗草、鸭舌草、假稻、慈姑、水莎草、异型莎草、眼子菜、水马齿、千金子、牛毛毡、陌上菜、水苋菜、鳢肠、丁香蓼、节节菜等，发生数量占田间杂草的 95% 以上。利用生物多样性以及生物之间的相互作用能明显控制杂草危害，实现除草剂减量增效。

稻田养殖可以有效控制稻田杂草。小龙虾以田间杂草、草籽和稻脚叶为食，虾的活动会踩踏杂草，使杂草不能萌发生长，比人工除草更经常、彻底。稻虾共作能控制85%以上的鸭舌草、稗草、异型莎草、水苋菜及陌上菜，与施用36%苄嘧磺隆·二氯喹啉酸270克/公顷的防治效果相当。稻虾共作年限越长，杂草控制效果越好，但多年生杂草假稻或其他深水性杂草的危害可能会加重。稻虾共作2～3年时，比常规模式稻田杂草总密度降低52.92%、双子叶阔叶杂草密度降低73.53%，单子叶禾本科杂草密度降低63.26%。

五、生态种养对稻田病虫害的影响

水稻害虫包括稻纵卷叶螟和稻飞虱。稻纵卷叶螟成虫在田间一般停留在稻叶中上部，稻飞虱主要危害稻丛基部。水稻基部的害虫会被稻田里的甲壳类动物吃掉，水稻中部和上部的害虫会被稻田里的禽类吃掉。研究表明，放养规格3厘米左右的小龙虾虾苗（250～600只/千克）22.5万尾/公顷或450～750千克/公顷，可有效控制稻飞虱危害。福寿螺由于其适应性强、食量大、繁殖力高，大量啃食水稻植株，能迅速在农田扩散，对水稻危害严重。

纹枯病、稻瘟病是水稻的主要病害。稻田生态种养中的共生动物取食稻田部分菌核、大量病原菌和枯老病叶，在田间的活动会促进稻田通风透光，营造不利于病害发生的环境，提高植株抗病能力，从而打乱病原滋生环境，减轻稻田发病概率。稻田养鱼能摄食大部分老病叶叶鞘部分，有效根除病源，控制纹枯病的发病程度，能降低稻株的枯心率及白穗率。

第三章 “早落水、早出苗”苗种繁育关键技术

小龙虾苗种繁育过程，包括性成熟、掘洞、交配、抱卵孵化几个过程。经过3～5个月的养殖，小龙虾逐渐达到性成熟，随后掘洞、交配、抱卵孵化。

第一节　小龙虾性成熟

时间轴上，小龙虾性成熟一般发生在每年的7～10月，内在特征是雄虾性腺发育，雌虾卵细胞发育。外在的主要形态特征是池塘中小龙虾的体色由青色转为红色。影响小龙虾性成熟的因子总体上可以归结为以下6类。

一、光照和气温

关键词：晴天多，气温高，性成熟早。

温度和光照条件是影响小龙虾性成熟重要的外在环境因子，在一定的范围内温度升高有利于其摄食生长，小龙虾的最适生长水温是 22 ～ 30℃，但超过最适温度导致环境条件不良时，生长受阻，同时会诱导其性腺提前启动成熟发育，这和在动物界中普遍存在的“积温”效应 、物种的繁殖延续规律有关，如果再加上食物缺乏、养殖密度过高，在这些不良环境因子的综合作用下就容易导致小红虾、小老虾的出现。至于光照条件，由于小龙虾有昼伏夜出、生性胆小、喜阴暗的天然习性，不难理解小龙虾不适宜在光线强的、敞亮的环境下生长，创造安静、多隐蔽物（如水草）以及食物充足的生态环境有利于其生长。

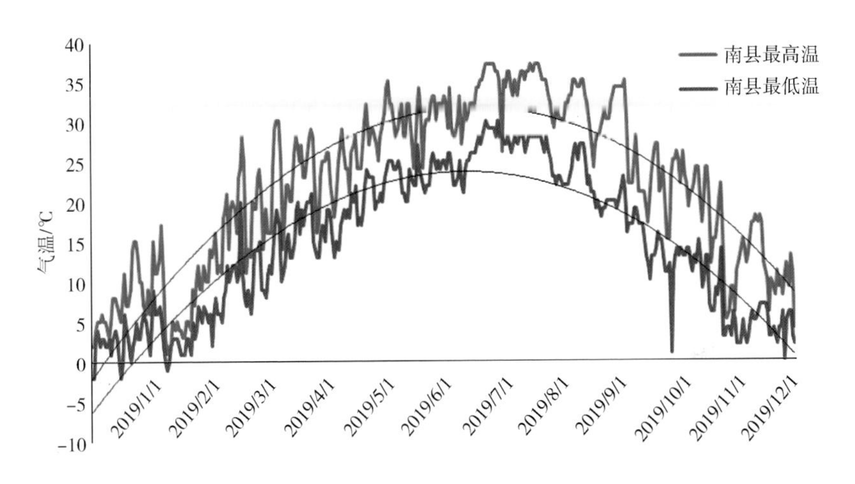

图 3–1　2019 年湖南省南县气温变化图

从图 3–1 和图 3–2 可以看到，湖南省南县最低温度超过 15℃要比江苏省盱眙县要早 2 周左右。因此，一般认为，位于洞庭湖流域的湖南益阳市、常德市、岳阳市的小龙虾苗上市时间要早于湖北的荆州、潜江、鄂州等地，更要早于江苏洪泽湖流域的盱眙、金湖、淮阴、泗洪、泗阳等县区，小龙虾出苗相对更晚的是微山湖流域的

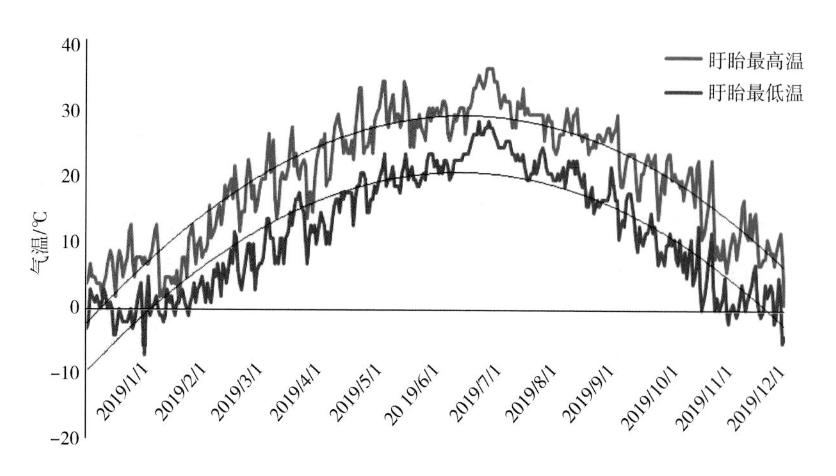

图 3-2　2019 年江苏省盱眙县气温变化图

江苏沛县、贾汪、山东微山等地。小龙虾苗整体上市时间湖南、湖北要比江苏、安徽早 2 ～ 3 周，虾苗上市初期江苏、安徽等出苗晚的地区苗价会略高于湖南、湖北等地（图 3-3）。

3月7日江苏兴化安丰青壳龙虾青红虾批发价

报价分类	3月5日	3月7日
硬2～4钱青壳虾	24元/斤	22元/斤
硬4～6钱青壳虾	35元/斤	34元/斤
硬6～8钱青壳虾	45元/斤	44元/斤
青壳虾炮头虾	55元/斤	57元/斤
硬2～4钱红壳虾	17元/斤	18元/斤
硬4～6钱红壳虾	30元/斤	30元/斤
硬6～8钱红壳虾	42元/斤	40元/斤
硬8钱起红壳虾	55元/斤	57元/斤

3月7日湖北潜江市场青壳龙虾红壳龙虾批发价

分类规格	3月6日	3月7日
硬2～4钱青壳虾	19元/斤	19元/斤
硬4～6钱青壳虾	34元/斤	35元/斤
硬6～8钱青壳虾	43元/斤	45元/斤
硬9钱起青壳虾	55元/斤	55元/斤
硬2～4钱红壳虾	18元/斤	18元/斤
硬4～6钱红壳虾	30元/斤	32元/斤
硬6～8钱红壳虾	40元/斤	40元/斤
硬9钱起红壳虾	55元/斤	55元/斤

图 3-3　小龙虾报价图

（2020 年 3 月 7 日，根据当地批发市场价格调研整理）

二、养殖时间

关键词：养殖时间 2 ～ 4 个月，开始出现性成熟。

小龙虾在生长过程中可依据其甲壳颜色直观地分为青壳虾和红壳虾两个阶段，一般情况进入红壳虾阶段以后预示其生长发育趋于成熟，生长速度相对下降，蜕壳周期延长，有的则几乎停止生长。有试验结果表明，即不论大、小规格，红壳虾的卵巢发育总体领先于青壳虾，且红壳虾的生长速度明显慢于青壳虾，说明小龙虾在生长发育过程中其体色变化与其机体成熟发育存在内在的关联性，体色变化是性腺成熟发育不同程度的外在表现，这可能与其激素分泌和甲壳色素沉着有关，可进一步深入分析研究。与其他甲壳类水生动物一样，小龙虾的生长与其蜕壳直接相关，只有通过蜕壳才能实现生长。有研究表明，小龙虾一生需蜕壳 11 ～ 12 次，蜕壳一次其体长可增加 15%，体重可增加 40%，所以在性成熟之前的青壳虾阶段是其主要的快速生长期，由于小龙虾生长较快，2 ～ 5 克的幼虾经 2 ～ 3 个月的生长就能达到 30 ～ 40 克及以上的起捕上市规格。但小龙虾寿命较短，一般大部分小龙虾寿命只有 2 ～ 3 年，8 ～ 10 个月就能达到性成熟，因此，在性成熟之前尽量提高其生长率以及尽量延缓其性成熟时间是提高养殖效益的关键措施。

三、水环境变化

关键词：大部分水环境剧烈变化都会促进小龙虾性成熟提前。

水温在 15 ～ 28℃时，小龙虾生长最快，繁殖最适宜。当水温超过 30℃或者水温低于 10℃的时候，生长速度会明显降低，而当水温降到 –5℃时小龙虾进入冬眠状态，不吃不喝，基本停止生长。

夏季高温易导致伊乐藻烂根死亡，水草的隐蔽功能基本消失，小龙虾暴露在阳光下，会比在水草适当的池塘性成熟早。

水位深浅也是影响小龙虾生长速度的重要因素，稻虾种养生产中，一般利用水位多次升降来促进小龙虾性成熟。在不考虑其他因素的情况下，水位越浅，透明度越高，小龙虾蜕壳频率加快，性成熟提前，规格普遍比较小。而深水位则可以延缓蜕壳，延长青壳虾生长时间，提高商品虾的规格。

四、营养调控

关键词：高蛋白质饲料有利于延缓性成熟，提高亲本虾质量和苗种质量。

当投喂的饲料营养价值跟不上或不平衡或直接投喂玉米、小麦等原粮时，不仅小龙虾生长速度慢，小龙虾营养供给也跟不上正常的生长代谢需求，往往出现大量红壳虾，生长延缓甚至停止，虾壳变厚变硬，秋季出现较多小规格抱卵虾（小于15克/只）。

五、流水刺激

关键词：微流水利于小龙虾性成熟。

小龙虾有很强的趋水流性，喜新水、活水，逆水上溯，且喜集群生活。流水可刺激小龙虾蜕壳，促进其生长；换水能减少水中悬浮物，保持水质清新，提高水体溶解氧含量。在这种条件下生长的小龙虾个体饱满，背甲光泽度强，腹部无污物，因而价格较高。流水刺激是水产动物促进性成熟的常用手段之一。池塘或者稻田在小龙虾养殖期内，可以架设叶轮式增氧机、水车式增氧机、摇摆式涌浪增氧机等设备来促进养殖水体的流动，一方面增加溶解氧，改善小龙虾的生活环境，提高养殖产量；另一方面，当水流持续向一个固定方向流动时，会促进小龙虾性成熟。养殖生产中也可以将2个以上池塘或稻田串联起来，架设推水机来实现水体微流水（图3–4）。

六、溶解氧

关键词：干旱缺水、溶解氧不足会加快小龙虾性成熟。

夏季高温天气，虾塘水上下温度分层严重，如不能进行水体交换，底部会缺氧严重，小龙虾属于底栖生物，易因缺氧爬塘上草。当小龙虾连续3～5天出现缺氧上草时，小龙虾就会发生甲壳变红，

图 3-4 稻田推水装置

提前性成熟。反之，水层上下交换迅速，水体溶解氧含量高，则利于小龙虾生长，延缓性成熟（图 3-5）。

图 3-5 空气泵和增氧系统配件

第二节 小龙虾掘洞行为

关键词：性成熟和生活环境恶劣诱发掘洞行为。

有两种情况会引发小龙虾掘洞行为：一是小龙虾性成熟后交配

和抱卵阶段；二是环境发生剧烈变化，水体溶解氧不足，水位忽上忽下，天气持续干旱会诱发小龙虾为了生存而掘洞。

小龙虾在冬、夏季营穴居生活，具有很强的掘洞能力，且掘洞很深。大多数洞穴的深度在 50 ～ 80 厘米，约占测量洞穴的 70%，部分洞穴的深度超过 100 厘米（图 3–6）。

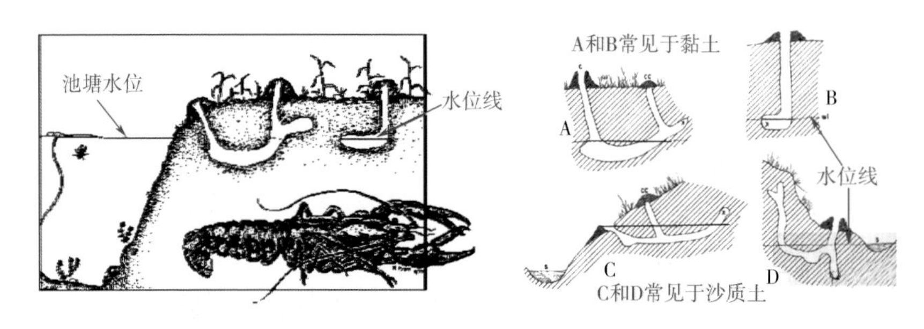

图 3–6　小龙虾洞穴结构和常见洞穴类型示意图

扫一扫，观看
“小龙虾掘洞”
视频

小龙虾的掘洞习性可能对农田、水利设施有一定影响，但到目前为止，还没有发生因小龙虾掘洞而引起的毁田决堤现象。小龙虾的掘洞速度很快，尤其在放入一个新的生活环境中尤为明显。洞穴直径不定，视虾体大小有所区别，此类洞穴常为横向挖掘的，然后转为纵向延伸，直到洞穴底部有水为止，在此过程中如遇水位下降，小龙虾会继续向下挖掘，直到洞穴底部有水或潮湿。

挖好后的洞穴多数要被覆盖，即将泥土等物堵住唯一的出入口，但还是能明显看到有一个洞口的。洞口的位置通常选择在水平面处，但常因水位的变化而使洞口高出或低于水平面，故而一般在水面上下 20 厘米处洞口较多（图 3–7）。一般水草茂盛的地方洞口较多，因此，在秋、冬季焚烧浅滩上的水稻秸秆、杂草，会烧死小龙虾或造成洞内小龙虾缺氧窒息，从而减少春季小龙虾的出苗数量。

图 3–7 小龙虾洞穴

水体底质条件对小龙虾掘洞的影响较为明显，在底质有机质缺乏的沙质土，小龙虾打洞现象较多，而在硬质土则打洞较少。在水质较肥，底层淤泥较多，有机质丰富的条件下，小龙虾洞穴明显减少。但是，无论在何种生存环境中，在繁殖季节小龙虾打洞的数量都明显增多。

第三节 小龙虾交配与繁殖

小龙虾交配一般在水中的开阔区域进行，交配水温幅度较大，从 15 ～ 31℃均可进行，除了环境变化引发之外，大部分交配发生在夏季高温期间。在交配时，雄虾通过交合刺将精子注入雌虾的纳精囊中，精子在纳精囊中贮存 2 ～ 8 个月，仍可使卵子受精（图 3–8）。小龙虾交配时间长短不一，短则 5 分钟，长则达 1 小时以上，一般为 10 ～ 20 分钟。雌虾在交配以后，便陆续掘穴进洞，当卵成熟以后，在洞穴内完成排卵、受精和幼体发育。

扫一扫，观看“小龙虾水槽交配”视频

小龙虾繁殖的大部分过程在洞穴中完成（图 3–9）。卵巢在交配后需 2 ～ 5 个月成熟，并进行

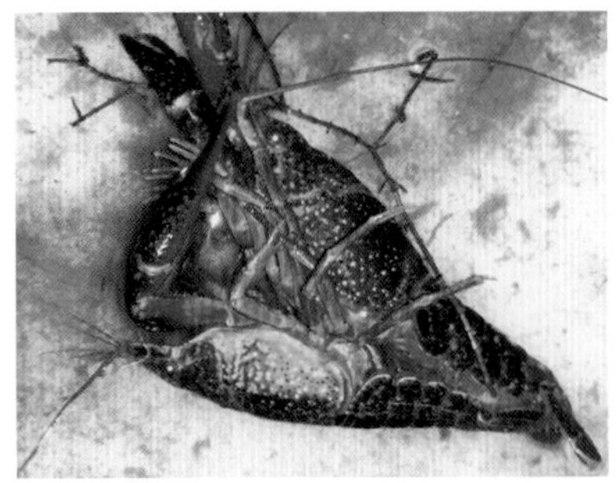

图 3-8　小龙虾交配

图 3-9　稻田田埂上的洞穴（8 月中旬）

排卵受精。受精卵为紫酱色，黏附于腹部游泳肢的刚毛上，抱卵虾经常将腹部贴近洞内积水，以保持卵处于湿润状态。

小龙虾每年春秋为产卵季节，产卵行为均在洞穴中进行，产卵时虾体弯曲，游泳足伸向前方，不停地扇动，以接住产出的卵子，附着在游泳足的刚毛上，卵子随虾体的屈伸逐渐产出（图 3-10）。

小龙虾的胚胎发育时间较长，水温 18 ～ 20℃，需 30 ～ 40 天，如果水温过低，孵化期最长可达 2 个月。从性腺周年变化可以看出，小龙虾一年中有两个产卵群。一年中究竟是一次产卵，还是多次产卵，可以从性腺发育的组织切片中了解：当性腺发育到Ⅳ期时，基本无Ⅱ、Ⅲ期的卵细胞，或在Ⅴ期时以Ⅱ、Ⅲ期卵细胞占优势，则

图 3-10 雌性小龙虾卵巢发育（9 月中旬）

可以认为是属一次性产卵类型。小龙虾在产卵后的卵巢（Ⅵ期）中，个别Ⅲ、Ⅳ期的卵细胞均为败育细胞。卵母细胞进入恢复Ⅱ期，所以说它的两个产卵群是相互独立的，不是多次产卵类型。

图 3-11 小龙虾抱卵中期和卵孵化末期

小龙虾的怀卵量较小，根据规格不同，怀卵量一般在 100 ～ 700 粒，平均为 300 粒。卵的孵化时间为 14 ～ 24 天，但低温条件下，孵化期可长达 4 ～ 5 个月。小龙虾幼体在发育期间，不需要任何外来营养供给，刚孵出的仔虾需在亲虾腹部停留几个月方脱离母体（图 3-11）。

刚孵出的幼体为溞状幼体，体色呈橘红色，倒挂于雌虾的附肢上；蜕壳后成Ⅰ期幼虾，形态似成虾，小龙虾亲虾有护幼习性，刚孵出的幼虾一般不会远离母体，在母体的周围活动，一旦受到惊吓会立即重新附集到母体的游泳足上，躲避危险。幼虾蜕壳 3 次后，才离开母体营独立生活。

若条件不适宜，可在洞穴中不吃不喝数周，当池塘灌水以后，仔虾和亲虾陆续从洞穴中爬出，自然分布在池塘中，有时亲虾会携带幼体进入水体，然后释放幼体。小龙虾虽然抱卵量较少，但幼体孵化的成活率很高。

从一年的两个产卵群数量比较，秋季的高于春季的，秋季的产卵期也比春季的长。所以秋季是小龙虾的主要产卵季节。

第四节　稻田小龙虾苗种繁育的主要模式

小龙虾稻田育苗主要有如下几种模式，不管采用哪种模式，原则上种虾投放越早，出苗越早。种虾饲料越好，出苗越好。以种虾投放 15 ～ 20 千克 / 亩，即可保证来年 5000 ～ 10000 尾 / 亩的苗种密度。不管采用哪种方式育苗，使用大规格小龙虾苗种进行养殖是获取更高效益的关键。

一、春苗留种

操作方式是，春苗养到成虾后，在水稻插秧前不全部捕捞，直接保留一部分成虾作为种虾。到 8 ～ 9 月，再根据小龙虾打洞情况，选择补放种虾或者不放。种虾在稻田自行交配、打洞、育苗，作为来年小龙虾养殖的苗种。

投放要求：3 月份气温不高时，可以全天投放；4 月应选择气温不高的早晨投放。

优点：操作简单，适合大部分养殖户，不需要每年春天买虾苗。

缺点：稻田内小龙虾出苗密度难以评估，容易造成第二年春苗过多，成虾规格过小，影响经济效益。

二、大青作种

所谓的“大青”指的是25～30克/尾的青壳虾。每年6月中下旬，一部分养殖户为增加养殖经济效益，会在该时段投放25～30克/尾的青壳小龙虾，经过一个夏季，大部分小龙虾长成35克/尾以上的大规格红壳虾，一部分捕捞销售，一部分留作稻田育苗。

投放要求：应在每天早晨投放，尽量在太阳升高（早上8：00）之前完成。

优点：6月中下旬投放种虾，价格便宜。

缺点：气温高，种虾死亡率高，不易操作。

三、亲虾作种

亲虾即亲本种虾的简称，8月下旬～9月中下旬，大部分小龙虾均已性成熟，大部分雌虾已经交配完成，处于卵细胞发育、等待抱卵的阶段。原则上亲虾来源可以是天然水域，也可以是养殖水体。

亲虾选择标准：颜色暗红色或黑红色、有光泽、光滑无附着物；个体大，规格20～40尾/千克，要求附肢齐全、无损伤，体格健壮、活力强。

亲虾比例：雌雄比例通常为（1.5～2）：1，可以人工调整雌虾、雄虾的比例，也可以不调整，直接投放捕捞上来的亲虾。

投放要求：选择天高气爽的晴天早晚，气温20～25℃时进行，池塘放养数量建议一般每亩20～40千克，稻田放养数量建议一般每亩15～30千克；放养时用维生素C进行应急处理和聚维酮碘消毒处理再放养，减少运输距离，距离和运输时间较长的采用2～3次泡浴后再下塘。

优点：气温下降，亲虾不易死亡，成活率高。投放亲虾可以相对更有效控制来年的小龙虾密度，提高经济效益（图 3-12）。

图 3-12　加装微孔增氧的育苗稻田

缺点：秋季小龙虾不易捕捞，回捕率低，价格高，成本高。

第五节　小龙虾繁育技术要点

一、小龙虾稻田育苗技术要点

关键词：“早落水、早出苗”。水稻插秧后，进入烤田阶段，即可落实“水位升降，刺激成熟”的相关操作。必要时，稻田四周环沟内的水位可以降落到底，保持 1 周左右无地表水层，通过多次水位反复升降，可以有效刺激小龙虾性成熟，促进交配和雌虾抱卵发育（图 3-13）。

1. 亲虾培育

亲虾下塘前后需进行肥水操作（图 3-14）。亲虾下塘后及时

图 3-13　小龙虾育苗塘 S 形（左）、U 形（右）

投喂饲料进行强化培养。10 月中下旬分级降低水位，方便且促进亲虾打洞。适当投放稻草方便亲虾藏身。

图 3-14　稻田肥水和粪肥就地发酵

2. 亲虾抱卵计算

小龙虾可以秋季和春季繁殖，以秋季繁殖为主，一般个体年产卵一次。怀卵量随个体长度的增长而增大，一次产卵 300 ～ 800 粒。最大怀卵量 1548 粒，最小的 222 粒。一般抱卵量 400 ～ 600 粒，最大抱卵量 750 粒，最小的 85 粒，每只抱卵母虾出苗量 200 ～ 500 尾。

3. 虾苗培育

繁殖池原池培育，及时捕捞上一年亲虾，防止其残食虾苗。3～4月份一次性放水到位，水位30厘米左右，水浅较容易快速提高水温。用氨基酸肥水素肥水培育生物饵料，尽早投喂适口饲料。及时捕捞分塘养殖。一般每亩可出幼虾15万～30万尾。

4. 稻田水位控制

种虾投放之后的水位控制非常关键，稻田四周沟内水位一般控制在0.8～1.2米。8月、9月投放种虾，此时水温高达30℃，如果水位太低，投放的种虾存活率受影响；如果池塘的水位太高，投放种虾之后，种虾在水位上方掘洞，洞穴比较高，翌年虾苗出来得相对晚。随着气温的降低，后期慢慢降低水位，让小龙虾打洞，水稻收割之后，上水，让虾苗出洞。

二、小龙虾大棚育苗关键技术

大棚育苗主要是冬季开展。为更快促进小龙虾秋苗的生长，各地利用日光塑料大棚的保温效应（图3–15），提高水温，促进小龙虾摄食生长，能为翌年小龙虾养殖提供大规格苗种。利用冬季大棚培育小龙虾大规格苗种的主要技术措施如下。

1. 育苗大棚建设

独立建设育苗大棚或者在稻田上利用四周环沟建设子塘大棚，建设时间可以选择3～9月。保证亲虾投放前，育苗水沟开挖完毕，水草种植进入生长阶段。

育苗大棚方向为东西向，建在向阳处，宽8～10米，深1～1.2米，长度依照地形而定。大棚可以建设成钢架结构双层膜大棚，也可以使用简易塑料大棚，成本各异（图3–16～图3–18）。

图 3-15 稻田环沟建设小龙虾育苗大棚

图 3-16 单栋大棚

图 3-17 连栋大棚

图 3-18 大棚内部布局

2. 亲虾投放

扫一扫，观看“小龙虾育苗大棚 1 分钟”视频

亲虾投放技术，同本章第四节“三、亲虾作种”相关要求。

3. 大棚覆膜

大棚建设初期可以只投亲虾不覆膜，水草种植、水质管理同正常养殖。进入 10 月中下旬，观察到有虾苗孵出时，再将塑料薄膜盖上。

扫一扫，观看“小龙虾大棚育苗”视频

4. 种植水草与增氧

水草的品种为伊乐藻、轮叶黑藻等，整个育苗期间，要保证水草覆盖水面比例不低于 50%。

大棚内水体微孔增氧机是必备设施，配置要求不低于 0.15 千瓦 / 亩，在小龙虾苗种培育期间，须 24 小时不间断增氧。

扫一扫，观看“小龙虾秋苗”视频

5. 虾苗投放

亲虾投放大棚可以直接实施虾苗培育。如大棚建设时未能投放亲虾，也可以在 10 月下旬～ 11 月上旬直接投放小龙虾秋苗，保持水深 60 ～ 70 厘米，放养量为 300 ～ 500 尾 / 米^2，一次放足。

6. 培育幼虾

经过 2 ～ 3 个月的培育，小虾苗基本都已经长成 5 ～ 7 厘米 / 尾及以上的大规格虾苗，幼虾应投喂优质蛋白质饲料（饲料粗蛋白质含量不低于 36%），调控水质，进行幼虾培育（图 3-19）。

图 3–19 幼虾观察与评价

7. 小龙虾苗种大塘养殖

翌年 3 月份，稻田可以大量上水，撤去环沟塑料大棚上的塑料薄膜，即可开展小龙虾大塘养殖。如果是独立建设的大棚，也应该先撤去塑料大棚，让小龙虾适应环境后，再移入大塘养殖（图 3–20）。

图 3–20 虾苗捕捞

第六节　稻田虾苗密度计算方法

控制稻田内虾苗的密度是养殖成功的关键，密度太低无法获得产量和效益，密度太高则会造成小龙虾越养越小，经济效益太低甚至亏损。多年的实践表明，稻田小龙虾苗的规格一般3～5厘米，适宜养殖的密度控制在6000～10000尾/亩比较合适。关于虾苗密度的计算方法介绍如下。

虾苗放养量（尾）=虾池面积（亩）×预计养殖产量（千克/亩）×预计出塘规格（尾/千克）÷预计成活率（%）

虾苗放养量（千克）=虾池面积（亩）×预计养殖产量（千克/亩）×预计出塘规格（尾/千克）÷虾苗规格（尾/千克）

实际生产过程中，为了计算方便，也可以采用经验公式来直接计算，介绍如下。

投放亲虾到稻田直接养殖成虾时，亲虾与成虾产量的经验公式：

成虾产量（千克）=雌虾量（千克）×50

投放亲虾用来育苗时，亲虾与虾苗产量的经验公式：

虾苗产量（千克）=雌虾量（千克）×10

投放虾苗开展成虾养殖时，虾苗与成虾产量的经验公式：

成虾产量（千克）=虾苗量（千克）×5

需要说明的是，本书中所述的虾苗产量、成虾产量的计算方式，仅仅是一个辅助计算，实际生产过程中，产量计算还应该有个经验值的偏差评估。这个评估受到降水、气温、养殖管理、水质、底泥、饲料、水草、病害等众多因素的影响，同一个养殖场，同一个管理

员，不同的管理塘口，小龙虾的产量都会有很大不同，平时的生产管理至关重要。

第四章 “养好一塘虾，先养一塘草”关键技术

第一节　水草在小龙虾养殖中的重要作用

“养虾先养草”，这是养虾人对水草的评价（图 4-1）。

一、遮蔽作用

小龙虾具有较强的攻击性，小龙虾幼苗期、蜕壳期抵抗力都很差，容易被其他虾吃掉。要想提高养殖密度和产量，小龙虾养殖池塘内必须要有足够的水草。

二、营养作用

水草含有丰富的维生素、矿物质，是虾、蟹喜食的食料，水草提供充足的维生素，能够提高小龙虾体质，增强免疫力，减少病害。

图 4-1　小龙虾养殖稻田布局

水草中还能滋生许多虾、蟹喜食的动物性饵料，如水中昆虫、小鱼、小虾等。

三、增氧作用

水草的光合作用能够增加水中溶解氧，一般认为水草的增氧效果好，其溶解氧含量、持久稳定性，都要高于人工微孔增氧。高温季节水草还能起到遮阴、降低水温的作用，有利于小龙虾生长。

四、净化作用

水草生长能吸收淤泥中的营养源，降低池水肥度，能使水质清新，更适合虾、蟹生长。水草密度高，小龙虾在底泥中爬行少，有利于提高小龙虾品质。小龙虾卖相好，销售价格也高。

第二节　水草种类

适合稻虾种养的水草品种有苦草、轮叶黑藻、菹草、伊乐藻等。水草特点各异，一般组合使用。伊乐藻耐低温，可以在冬季种植和生长，但是不耐高温，夏季高温易死亡，适合在稻田田块上种植。轮叶黑藻、苦草等种植时间晚，能够在夏季生长，适合在水深的养殖池塘、稻田四周环沟中种植。

一、伊乐藻

特点：无冰即可栽培，5℃以上开始生长；不耐高温，水温高于 30℃易死亡。

原产于美洲，是一种优质、速生、高产的沉水植物，与我国淡水水域中分布的轮叶黑藻、苦草同属水鳖科。在寒冷的冬季能以营养体越冬，当苦草、轮叶黑藻尚未发芽时，该草已大量生长。秋冬或早春栽种 1 千克伊乐藻营养草茎，专门种草的池塘当年可产鲜草百吨左右。伊乐藻的干物质为 8.23%，粗蛋白质为 2.1%，粗脂肪为 0.19%，无氮浸出物为 2.5%，粗灰分为 1.52%，粗纤维为 1.9%。伊乐藻虾、蟹喜食，可作为虾、蟹的优质青饲料，因其再生能力强，被虾、蟹吃掉一部分后能在池塘中很快自然恢复（图 4–2）。

扫一扫，观看“4 月份伊乐藻长成簇”视频

二、轮叶黑藻

特点：冬季为休眠期，水温 10℃以上时，芽苞开始萌发生长。

轮叶黑藻俗称温丝草、灯笼薇、转转薇等，属

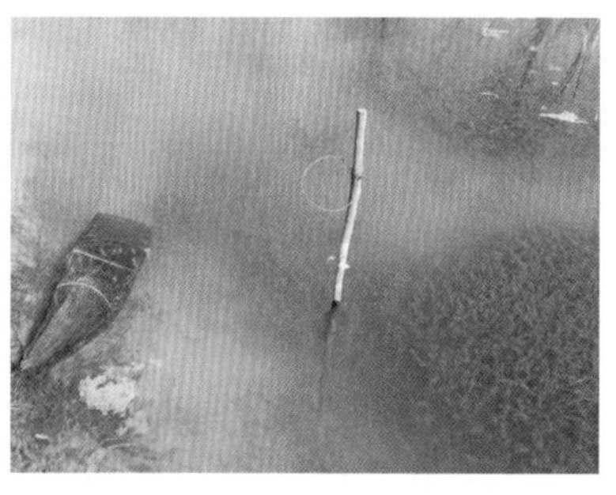

图 4-2 伊乐藻

水鳖科、黑藻属单子叶多年生沉水植物，茎直立细长，长 50 ～ 80 厘米，叶带状披针形，4 ～ 8 片轮生，通常以 4 ～ 6 片为多，长 1.5 厘米左右，宽 1.5 ～ 2 厘米。叶缘具小锯齿，叶无柄。广布于池塘、湖泊和水沟中（图 4-3）。

图 4-3 轮叶黑藻

轮叶黑藻为雌雄异体，花白色，较小，果实呈三角棒形。秋末开始无性繁殖，在枝尖形成特化的营养繁殖器官——鳞状芽苞，俗称“天果”，根部形成白色的“地果”。冬季天果沉入水底，被泥土污物覆盖，地果入底泥 3 ～ 5 厘米，地果较少见。冬季为休眠期，水温 10℃以上时，芽苞开始萌发生长，前端生长点顶出其上的沉积物，茎叶见光呈绿色，同时随着芽苞的伸长在基部叶腋处萌生出不定根，形成新的植株。待植株长成又可以断枝再植。

三、苦草

特点：10～11月份采收种子，4～5月催芽播种或移栽分株。

苦草又称为蓼萍草、扁草，沉水草本。具匍匐茎，径粗约2毫米，白色，光滑或稍粗糙，先端芽浅黄色。叶基生，线形或带形，长20～200厘米，宽0.5～2厘米，绿色或略带紫红色，常具棕色条纹和斑点，先端圆钝，边缘全缘或具不明显的细锯齿；无叶柄；叶脉5～9条，萼片3片，大小不等，呈舟形浮于水上，中间一片较小，中肋部龙骨状，向上伸似帆。果实圆柱形，长5～30厘米，直径约5毫米。种子倒长卵形，有腺毛状凸起（图4–4）。

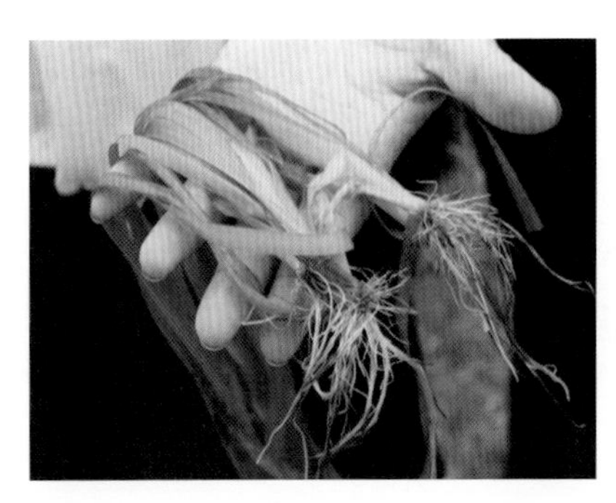

图4–4　苦草

生产中，苦草有种子繁殖和无性繁殖。有性繁殖：催芽，在3～4月进行，将头年采收的种子经搓洗后进行催芽播种，经过20℃—28℃—10℃的不同水温、有基质或无基质的试验，水温28℃、有基质的状态下发芽率较高。无性繁殖：分株繁殖，一般在5～8月进行，切取地下茎上的分枝进行繁殖。此方法简便，可直接移栽定植供观赏。

四、金鱼藻

特点：适温性较广，在水温低至4℃时也能生长良好。

金鱼藻是金鱼藻科金鱼藻属的植物，为鱼类的饵料，也可作为猪饲料。金鱼藻多年生，长于小湖泊静水处，于池塘、水沟等处常见，四季可采，晒干。

生物学特性为水生草本植物，生命力较强，适温性较广，在水温低至4℃时也能生长良好。我国华北、华东、华中及西南温暖地区的天然水域中均有分布。金鱼藻无根，全株沉于水中，因而生长与光照关系密切，当水过于混浊，水中透入光线较少，金鱼藻生长不好，但当水清透入阳光后仍可恢复生长（图4–5）。

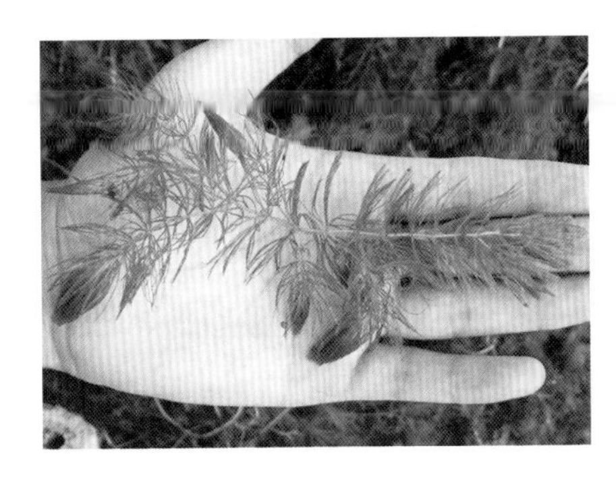

图4–5　金鱼藻

五、菹草

特点：秋季发芽，冬春生长，4～5月开花结果，夏季6月后逐渐衰退腐烂。

菹草又叫虾藻、虾草、麦黄草。菹草为多年生沉水草本植物，生于池塘、湖泊、溪流中，静水池塘或沟渠较多，水体多呈微酸性至中性。分布于我国南北各省，为世界广布种。可作鱼的饲料或绿肥（图4–6）。

图 4-6　菹草

菹草生命周期与多数水生植物不同，它在秋季发芽、冬春生长，4 ～ 5 月开花结果，6 月后逐渐衰退腐烂，同时形成鳞枝（冬芽）以度过不适环境。冬芽坚硬，边缘具齿，形如松果，在水温适宜时才开始萌发生长。

繁殖及栽培：茎插繁殖。

六、其他水草

其他水草或水生植物也可充当养殖用水草的功能，有菱、茭白、水花生、水葫芦等品种。

1. 菱

菱 是一年生草本水生植物，叶片非常扁平光滑，具有根系发达、茎蔓粗大、适应性强、抗高温的特点，菱角藤长绿叶子，茎为紫红色，开鲜艳的黄色小花，既适宜作为养殖小龙虾的水草，也适合与小龙虾进行综合种养。

2. 茭白

茭白是挺水植物，株高 1 ～ 3 米，叶互生，喜生长于浅水中，喜高温多湿，既适宜作为养殖小龙虾的水草，也适合和小龙虾进行

综合种养。

3. 水花生

水生或湿生多年生宿根性草本，我国长江流域各省水沟、水塘、湖泊均有野生。水花生适应性极强，喜湿耐寒，适应性强，抗寒能力也超过水葫芦和空心菜等水生植物，能自然越冬，气温上升到10℃时即可萌芽生长，最适气温为22～32℃（图4-7）。

图4-7 水花生

4. 水葫芦

水葫芦是一种多年生宿根浮水草本植物，高约0.3米，在深绿色的叶片下，有一个直立的椭圆形中空的葫芦状茎，故称水葫芦。水葫芦须根发达，分蘖繁殖快，管理粗放，是美化环境、净化水质的良好植物。由于水葫芦对其生活的水面采取了野蛮的封锁策略，挡住阳光，导致水下植物得不到充足光照而死亡，破坏水下动物的食物链，导致水生动物死亡。此外，水葫芦还有富集重金属的能力，死后腐烂体沉入水底形成重金属高含量层，直接杀伤底栖生物。因此有专家将它列为有害生物，所以我们在养殖小龙虾时，可以利用，但一定要掌握度，不可过量（图 4-8 ～图 4-10）。

图 4-8　水葫芦

图 4-9　水葫芦单体

图 4-10 稻虾田水葫芦群

第二节 水草种植

一、伊乐藻

1. 种植方法

伊乐藻一般在当年冬季或者第二年春季种植，最好水温在 5℃以上。

（1）作为主要水草的种草方法　按东西走向成排种植水草，每隔 10 米间距种植 10 米宽的水草，每棵草与草之间的行距和间距均为 0.6 米，水草种植区域占到池塘面积的 50%。

（2）作为过渡性水草在环沟中的种植方法　种植时，环沟上水 10 厘米，把伊乐藻剪成 10 ～ 15 厘米一根，一株 15 根左右，保持株距 1 ～ 1.5 米、行距 2 ～ 2.5 米。种完后上水至 40 厘米左右，后期根据伊乐藻生长情况加水。

2. 日常管理

4月份，种植伊乐藻的池塘水位不要超过60厘米，如果太深，则光照不够，影响伊乐藻生长。5～6月份，伊乐藻快要长出水面时进行割茬，用专用推草刀按株距割掉草头，留下草茎在水里，基本上在高温期前要割2～3次，注意割下的水草视塘中伊乐藻覆盖面积选择是否就地栽种。平时注意观察伊乐藻的生长情况，生长过于旺盛，要及时捞取部分水草，防止高温期大面积浮根腐烂，败坏水质。

二、轮叶黑藻

轮叶黑藻是小龙虾喜食的水草，为防止被小龙虾吃光，种植后先用网围住，待大量生长后再将网撤掉。

1. 种植方法

（1）芽苞播种　12月到翌年3月，选择晴天播种，播种前池水加注新水10厘米深，每亩种500～1000克，播种时应按行距、株距50厘米，将芽苞3～5粒插入泥中，或者拌泥撒播。当水温升至15℃时，5～10天开始发芽。

轮叶黑藻每年4～8月，处于营养生长阶段，根尖插入底泥中，3天后就能生根，形成新的植株。

（2）植株移栽　每年4月下旬～8月均可种植，将轮叶黑藻植株切成10～15厘米的小段，每亩按50～100千克均匀抛撒，并使草茎部分入泥，保持水深15～20厘米，约20天后，基本能覆盖全池，以后可逐渐加深水位，不使水草露出水面。种植注意要点：围栏保护，防止小龙虾进入种植区域，待水草满塘时，方可撤掉围栏，让小龙虾进入。

2. 日常管理

轮叶黑藻可以作为虾塘的配套水草，在春天必须用围栏保护种植，等到 6 月份，水草满塘后，方可撤掉围栏，让小龙虾进入。在以伊乐藻或苦草为主要水草的养殖模式中，少量种植轮叶黑藻，可以起到净化水质，保持水质清爽，达到保护伊乐藻或苦草的作用。

三、苦草

1. 种植方法

水温回升至 15℃以上时播种，每亩播种苦草籽 100 克。播种前向池中加新水 3 ～ 5 厘米深，最深不超过 20 厘米，选择晴天晒种 1 ～ 2 天，然后浸种 12 小时，捞出后搓出果实内的种子。并清洗掉种子上的黏液，再用半干半湿的细土或细沙拌种全池撒播。搓揉后的果实中还有很多种子未搓出，也撒入池中。

每年 3 月到清明节前后是苦草播种的主要时期，亩用种量 1.5 千克草籽。播种前先晒草籽一天，接着浸泡 1 夜，搓出草籽，再用潮湿的细土拌种满塘撒播，水位保持 5 ～ 10 厘米。

2. 日常管理

苦草苗期生长缓慢，为促进分蘖，控制营养生长，前期水位控制在 30 厘米以内；6 ～ 7 月份，苦草进入快速生长期，这时水位逐渐加至 70 厘米以上。苦草喜高温，七八月份生长尤其旺盛，一定要捞掉被小龙虾夹断的苦草，以免败坏水质。苦草覆盖太密时，一定要用专门的割刀割出食路，以便小龙虾摄食。

四、金鱼藻

每年 5 月以后可将金鱼藻全草移栽，让其自然再生；每年 12 月～翌年 2 月可捞取带冬芽的金鱼藻撒入浅水中，4 月份可萌发出新枝。

水草种植宜多品种搭配，种植单一品种水草风险较大，也不利于发挥各种水草的优势。伊乐藻耐低温，可成为早期虾池的理想水生植物，覆盖率控制在 30% 左右。利用轮叶黑藻喜高温、虾喜食、不易破坏的特点，可成为中后期的主打品种，轮叶黑藻覆盖率控制在 40% 左右。

第四节　水草管理注意事项

小龙虾养殖模式基本相近，其中种植水草以及水草的养护是养殖成功的一个极为重要的决定性因子。稻虾种养模式下，稻田田块上的水草种植，应该区分出明显的种草区和投饲区，便于培养小龙虾在水草种植区内生活、蜕壳、遮蔽，在投饲区内摄食的习惯，便于集中捕捞小龙虾（图 4-11）。

一、把握不同水草种植时间节点

水草的栽培，2～3 月栽种伊乐藻，35 千克 / 亩，3～5 月分期播种苦草。在小龙虾生长的夏季阶段，移栽金鱼藻和轮叶黑藻，亩栽 185 千克（其中金鱼藻占 70%），在池塘水体中形成至少 3 种以上的水草种群。确保在养殖中后期水草覆盖率 60% 以上，以便在夏季高温时，使小龙虾处在最适生长温度 25～30℃，有效降低小龙虾体温，有利于小龙虾蜕壳生长，同时提供适口的天然植物性

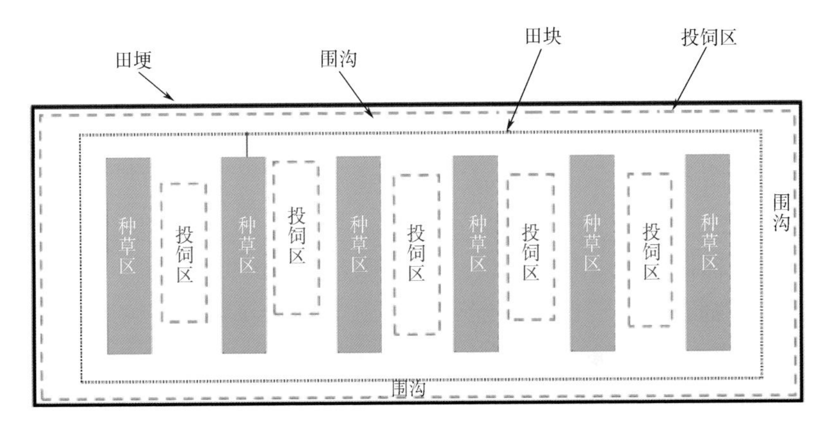

图 4-11 水草种植空间布局

饵料。

二、严格控制水草长老和覆盖密度

伊乐藻为早期过渡性和食用性水草，苦草为食用性和隐藏性水草，轮叶黑藻则作为池塘或稻田养殖动物的主打水草。需要注意的是，伊乐藻要在冬春季播种，高温期到来时，将伊乐藻草头割去（图4-12），仅留根部以上10厘米左右；苦草种子要分期分批播种，错开生长期，防止遭小龙虾一次性破坏；轮叶黑藻可以长期供应。

图 4-12 割草机械

水草在池塘中生长过程就是一个吸收水体中有害物质的过程，然后作为载体的池塘对水草来说也有负荷限值。一旦水草数量超过这个负荷限值，水草白天光合作用产生的氧气，无法满足夜间自生的氧气消耗，水草就会老化死亡。割草的原理就是割除老化水草，促进新生水草生长。总之保持池塘水草占比不超过 30% ～ 40%，水草区域中间应该有水道，水道宽度保持 2 米左右。

扫一扫，观看“5 月份割草”视频

三、不养食草鱼类，不用水草抑制药物

食草鱼类可以消耗部分过多的水草，但往往水草长势和食草鱼类无法被养殖户控制，是一个不安全因素。绝大部分养殖户已经不再放养食草鱼类。而水草抑制药物，通常对水体藻类也有干扰，容易导致坏水和缺氧，对在水草中蜕壳的小龙虾和青虾也有毒害作用。

第五章 “养好一塘虾，须养一塘水”关键技术

“养好一塘虾，须养一塘水”“新塘旺三年”等谚语是池塘养殖的真实写照，要使池塘养殖可持续发展，就必须长期调节水体，保持良好的水质；就必须长期改良底泥，修复恶化的池塘底质。确保养殖水质达到“肥”“活”“嫩”“爽”，是所有水产品养殖成功的关键技术。

第一节　水质和底泥的基本要求

一、水源与水质

小龙虾养殖的水源要求，一般认为水质要好、水量要足，江河、湖泊、水库等都可作养殖的水源。建池前要掌握当地的水文、气象资料，旱季要求能储水备旱，雨季要能防洪抗涝。水质好坏是能否养好小龙虾的关键。近几年来，由于我国工农业的发展，江河、湖泊的水源受到不同程度的污染。因此，在选择场地建虾池时，要求养殖场周围 3 千米以内无污染源，且水质符合渔业用水标准。

二、土壤与底泥

小龙虾有冬夏穴居的习性，交配产卵和孵化幼体也大多在洞穴中进行。因此，养殖池塘土壤土质的好坏是小龙虾养殖成败的一个重要因素。土壤可分为壤土、黏土、沙土、粉土、砾质土等，用于苗种繁育的池塘土质以壤土、黏土为宜；壤土和黏土池塘，保水力强，水中的营养盐类不易渗漏损失，小龙虾挖掘洞穴不易塌陷，有利于小龙虾的苗种繁殖与生长。其他土质的养殖池塘只要不渗漏水，能够种植水草，都可以进行小龙虾养殖。

虾池经过几年养殖后，由于积存残饲，而淡水小龙虾大都营底栖生活，环境恶化易导致小龙虾病害的发生。粪便和生物尸体与泥沙混合形成淤泥，淤泥过多、有机物耗氧量过大，造成下层水长期呈缺氧状态，致使下层氧债高。此外，由于在缺氧条件下，有机物产生大量的有机酸类等物质，使 pH 下降，引起致病微生物的大量繁殖。与此同时，小龙虾营底栖生活，在不良的环境条件下，其抵抗疾病的能力减弱，新陈代谢下降，容易引发疾病。因此，改善池塘养殖环境，特别是防止淤泥过多，是养殖的重要措施。一般来说，在精养虾塘中，淤泥厚度保持在 15 ～ 30 厘米为妥。

第二节　池塘中溶解氧的变化及调控

溶解氧是所有水生生物生存的根本，溶解氧不足是池塘水质恶化、底泥发臭、小龙虾免疫力下降、病害发生的主要诱因之一。溶

解氧是指溶解于水中的分子状态的氧，即水中的 O_2，用 DO 表示。溶解氧是水生生物生存不可缺少的条件。我国渔业用水标准规定，养殖水体溶解氧连续 24 小时中，必须有 16 小时以上大于 5 毫克 / 升，任何时候不能低于 3 毫克 / 升。

每天水体的溶解氧是不断变化的，有变化才是养鱼的好水，如昼夜变化、季节变化、垂直变化等。只有不断变化的溶解氧，才说明水是活水，表明水中有大量有益藻类的生命活动，否则只能是一潭死水。

一、水中溶解氧的来源与消耗

溶解氧的来源有三个方面：一是水中溶解氧未饱和时，大气中的氧气向水体渗入；二是水中生物通过光合作用释放出的氧，水中生物包括了人工种植的水草，水体中的浮游生物以及浮游植物（硅藻、褐藻、绿藻等）；三是人工增氧机增氧。

溶解氧除了被养殖的小龙虾消耗外，一部分被水生植物的所消耗；一部分被水中微生物的呼吸作用以及水中有机物质被好氧微生物的氧化分解所消耗；一部分被螺丝、河蚌、浮游动物的呼吸作用所消耗；还有一部分被池塘底泥中的硫化物、亚硝酸根、亚铁离子等还原性物质所消耗。

水体缺氧条件下，大量有毒有害藻类繁殖生长，抑制了有益微生物菌群的健康环境，造成水质恶化。池塘底部缺氧，厌氧微生物对有机物进行厌氧发酵加强，产生大量恶臭的发酵中间物（如尸胺、硫化氢、甲烷、氨等），对养殖动物造成极大危害。

二、养殖水体溶解氧的日变化及调控措施

在日变化方面，氧债与氧盈的关系也表现出一定规律。一般情况下，晴天的下午，池塘上层水中的溶解氧含量较高，出现氧盈最大值的情况。这是因为在热分层的现象下，池塘水上下对流难以形成，进

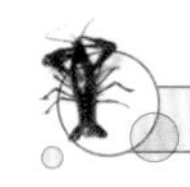

而无法及时向下层补充，出现下层水缺氧的问题。这样一来，池塘生物的氧化便会受到一定程度的限制，出现氧债的问题。因此，在改善池塘水中溶解氧含量时，应注重池塘氧溶解条件的改善，其中改善溶解氧与耗氧不均匀的问题尤为重要。例如，可以利用池塘白天的氧盈层，对池塘下层的氧债层进行及时补偿，进而可以减少池塘下层的夜间耗氧量。与此同时，在池塘水溶解氧的调控过程中，一定要做到先稳定池塘水的 pH 值，进而平衡池塘中的菌相和藻相，这样可以在很大程度上培育出“活”而“爽”的池塘水质（图 5–1）。

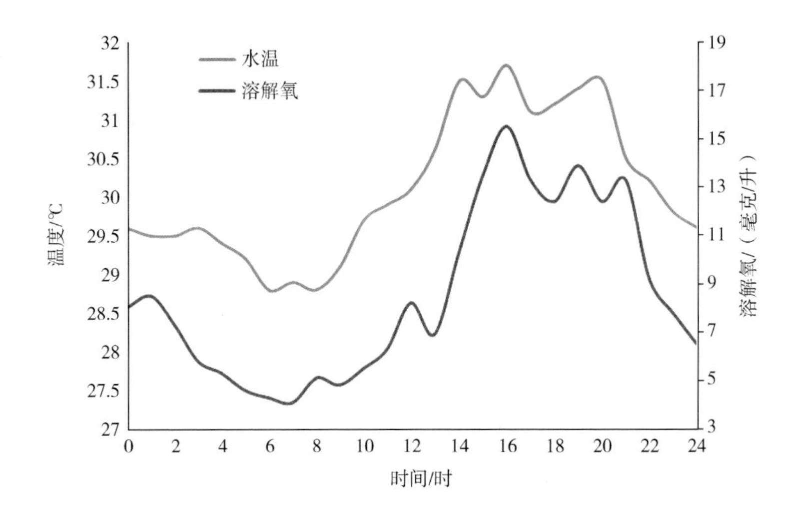

图 5–1 养殖水体 24 小时溶解氧变化趋势图

在水产养殖的过程中，浮游植物多为人工培养，因此需要进行 pH 值检测。一般情况下，需要进行早、晚 2 次检测。如果 2 次检测结果相差较大，那么可能池塘中的浮游生物生长比较旺盛。在白天，由于光照强度大，池塘上层水中的溶解氧含量较高，而随着水层的加深，水中溶解氧逐渐减少。从相关研究数据来看，每天 15：00 池塘上下层水的溶解氧含量差值最大。对此，需要注重池塘水 pH 值的控制，确保 pH 值最大限度地适合植物生长。具体的

操作方法：一是为确保池塘水充分混合，可以开动增氧机；二是使用微生物制剂，实现对池塘水中植物的平衡。

夜间，由于水温逐渐下降，进而在池塘水中形成一定的密度流，使池塘水的中下层溶解氧含量有所增加。同时，随着时间的推移，在5：00左右池塘的上层水出现最低溶解氧含量，此时池塘上下层水的溶解氧含量相差几乎为零，但是此时的溶解氧条件处于最佳状态。对此，需要对池塘各层水的溶解氧含量进行有效的测定，并根据测定情况采取及时有效的措施（如使用增氧剂）。

三、养殖水体溶解氧的垂直变化及调控措施

对于一些深水养殖池塘而言，由于光照强度的影响，池塘水中溶解氧含量将会呈现一定的垂直变化规律。一般情况下，由于白天日照强度较大，池塘中浮游植物的光合作用较强，所以池塘上层水中的溶解氧含量较高；而下层水由于光照强度相对较弱，且存在上下层热阻力的因素，进而造成池塘出现上下层溶解氧变化的问题。因此，夏季池塘上下层水温差异更加显著，出现底层水溶解氧几乎为零的问题。对此，夏季要适当增加溶解氧，确保池塘上下层水形成较好的对流，进而增加下层水的溶解氧含量。可以采取以下措施：首先，在增加底层水溶解氧含量之前，需要稳定池塘水的溶解氧；其次，对池塘水中溶解氧含量进行检测，并基于检测情况，做到科学合理地施加增氧剂（图5-2）。

四、养殖水体溶解氧的水平变化及调控措施

在诸多外部因素（如风力、生物）的影响下，池塘中溶解氧水平呈现不均匀的特点。在风向的作用下，上风处的浮游生物明显少于下风处，因此在白天的光合作用下，上风处的溶解氧含量少于下风处。同时风力的大小也影响池塘上、下风处的溶解氧含量。

到了夜间，由于下风处具有较多的浮游生物，从而导致上下风

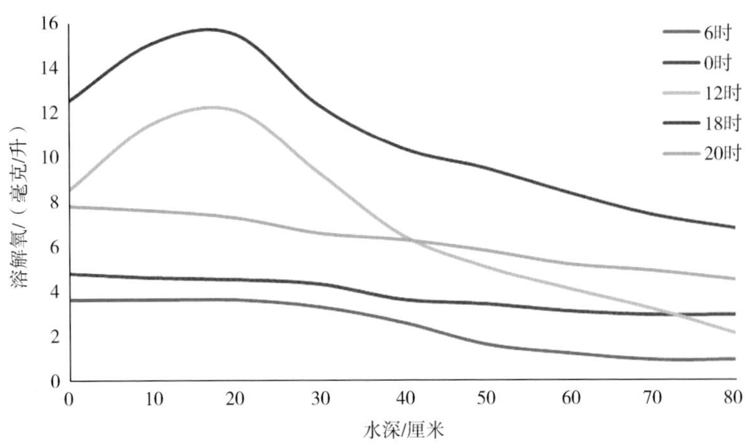

图 5-2　养殖水体水深与溶解氧变化趋势图

处的溶解氧分布正好与白天相反，表现出上风处溶解氧含量大于下风处，并且清晨虾类一般集中在下风处。因此，在水产养殖的过程中，清晨要强化对池塘虾类活动的观察。一般情况下，清晨是池塘一天中溶解氧含量最低的时候，如果检测过程中发现池塘水中溶解氧含量小于 5 毫克 / 升，则需要及时采取有效措施，增加池塘中的溶解氧含量（图 5-3）。

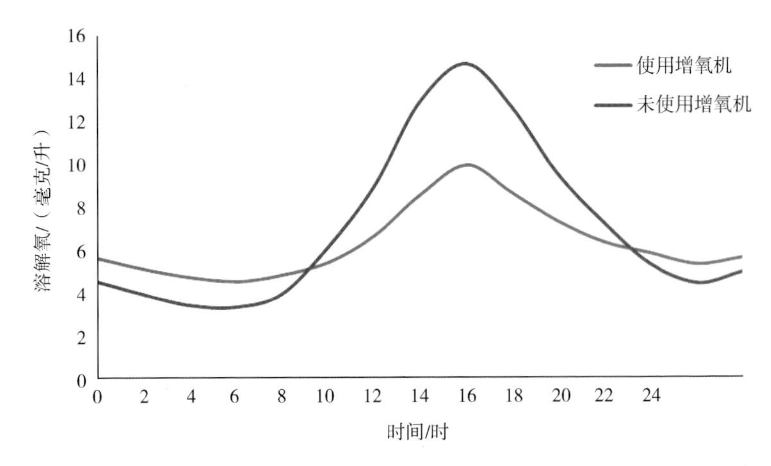

图 5-3　养殖水体增氧机对溶解氧的影响变化趋势图

第三节　水质和底泥管理的共性技术

一、水质评价技术

良好的水质，通常会用“肥、活、嫩、爽”来进行感官评价，一般大多为绿褐色和茶褐色。

“肥”大多是指水体含有丰富的有机物和各种营养盐，生产上是以水的透明度来表示水的肥度，透明度一般为 30 ～ 40 厘米，繁殖的浮游生物多，特别是易消化的种类多。

“活”就是池塘中的一切物质，包括生物和非生物，都在不断地、迅速地转化着，形成池塘生态系统的食性物质循环。反映在水色上是指水色明亮，能够随光照的不同而变化。

“嫩”指水肥而不老，所谓水“老”主要指水呈蓝绿色、铁锈色、灰褐色和乳白色等；从生物学的角度来说，“嫩”表示水中的藻类正处于增长期，细胞未老化。

“爽”是指水质清爽不混浊，指水中除了浮游生物外没有其他悬浮物或悬浮物较少，透明度高的同时，水中溶解氧含量较高。

良好的水质，在春、夏、秋季每天都有变化，即早淡、晚浓，并有轻度的“水华”（水表面下风处有与藻类颜色相同的油膜状物或颜色深浅不同的大团块）。这种水质显示水的物理、化学、生物性处在良好动态变化中，这是养殖者所追求和应保持的水质（图 5-4 ～图 5-9）。

不好的水质，一般为蓝（绿）色、砖红色、淡灰色、黑灰色或乳白色。这些不好的水质，大多发生在夏季高温时期，而且没有每日早、晚淡与浓的变化。

图 5-4　良好的水色（亮绿色）

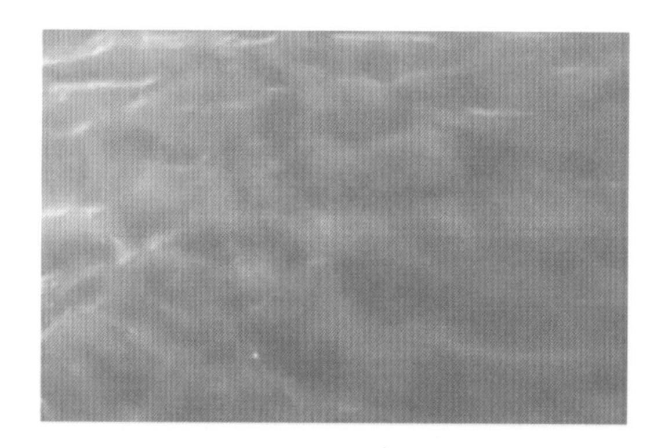

图 5-5　良好的水色（亮蓝色）

图 5-6　春季环沟水色

图 5-7 春季稻田水色

扫一扫，观看“虾塘水色”视频

图 5-8 早春稻田水色

图 5-9　夏季稻田水色

二、底泥

1. 池塘底质的主要特性

池塘底质土壤是部分小龙虾、细菌、真菌、高等水生植物、小型无脊椎动物和其他底栖生物的生活场所。如果底质土壤中某种营养素的平衡浓度太低则可能不利于浮游生物生长，或者某种重金属元素的平衡浓度太高就可以引起水生动物中毒，影响养殖池塘底质的管理，影响水产养殖产量。

沉积在池塘底部的有机物质通常被分解为无机碳并以二氧化碳的形式释放到水中，含氮化合物会被池塘底质中的微生物脱氮并以氮气的形式流失到大气中，而磷则被池塘底质吸附后掩埋在沉淀物里进入可利用磷库的循环，含硫化合物经过还原菌的作用产生硫化氢，进而与池塘底质中的金属离子（铁离子、锰离子等）结合，变成黑色硫化物沉降于底质中（图 5-10）。

2. 池塘底质恶化的危害

经过一段时间养殖，一部分残饵、粪便、肥料、死藻等有机颗粒物沉入池底以及发酵分解后的死亡生物与池底泥沙等物混合形成底泥。一定厚度的底泥能起到供肥、保肥及调节和缓冲池塘水质突

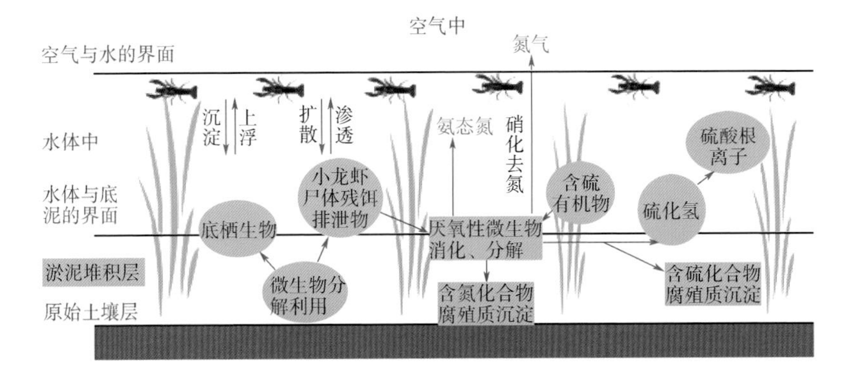

图 5-10　小龙虾养殖池塘底泥结构图

变的作用。底泥中的有机腐败物质及分解消耗溶解氧产生的二氧化碳、氨氮、亚硝酸盐、硫化氢和多种有机酸等有害物质，是病菌的良好培养基或各种寄生虫虫卵潜藏住所。

投饵的池塘中，剩余饵料和鱼虾的排泄物引起池塘中浮游生物的大量繁殖，这些浮游生物控制池塘中的溶解氧变化。白天它们通过光合作用产生的氧气大于呼吸作用的耗氧，溶解氧含量较高，夜间刚好相反。随着大量饵料的投入，池塘底质有机物质浓度过高，就会有利于池塘底部形成厌氧条件，导致微生物有毒代谢物的产生，氨氮、亚硝酸盐等有害物质升高，又进一步加剧了池底变黑、变臭，水质恶化，寄生虫、病菌大量繁殖。

3. 底质恶化的主要因素

（1）清塘不彻底，晒塘时间过短，清塘所使用的药物不当以及清塘所造成的过多药物残留等。

（2）在养殖期间，有机质残留过多，底部缺氧，是底质恶化的最主要因素。残饵、粪便、生物尸体等有机质残留，使得生物耗氧和化学耗氧剧增，水体底部溶解氧无法满足耗氧量，从而造成池塘底质缺氧，厌氧菌大量繁殖，分解底部有机质而产生大量有毒中间产物，如氨氮、亚硝酸盐、硫化氢、甲烷、有机酸等有害物质。这些有毒物质对水产动物有很大的毒害作用，同时又会造成致病菌大量繁殖，使得水产动物缺氧浮头等。

（3）大量频繁使用化学消毒剂、农药杀虫剂、杀藻剂等，从而破坏水体及底质自净能力。

4. 池塘底质改良方法

“调水、改底”是小龙虾养殖生产的必备操作。生产中多注重水体改良，有“看水养虾”之说。小龙虾经常缺氧爬草、病害多、外观发黑等，很多都是底质恶化的结果。如果底质好即使出现“下大雨”“特别闷热”等异常天气，也不会造成溶解氧含量迅速降低或有害物质含量迅速升高。

（1）*物理方法*　冬季清塘除淤，一般在冬季或早春等生产闲季进行。大多采用先排干池水，然后用水力挖塘机组像开挖新塘一样清理淤泥。为保持良好水质，每隔 1 ～ 2 年应清除 10 ～ 20 厘米呈暗黑色的底泥。池底再经过冰冻日晒（“冬干”），能够促进有机物质的分解，消灭病原体和其他有害生物。除了清淤外，经常搅动塘底，翻松塘底的淤泥，并使池水上下混合，也能促进池塘底部有机质的分解，并重新释放出底泥中沉积的营养盐类，恢复营养物质在池塘上下水层的均衡分布，促进浮游生物的生长繁殖，从而可以防止池底老化。通过开增氧机曝气也可改善底部环境，减缓黑化过程。

（2）*化学方法*　化学方法最常用的就是生石灰清塘。生石灰遇水后发生化学反应，释放大量热量，中和淤泥中的各种有机酸，改变酸性环境，从而可以起到除害杀菌、施肥、改善底质和水质的作用。

还可选用化学复合型底质改良剂，如过氧化钙、过硫酸氢钾、过碳酸钠等常被用作“底层水质改良剂”，投入水中能迅速增氧，

促进硝化，降低水中的氨氮、亚硝酸盐、硫化物含量。

（3）*生物方法* 以芽孢杆菌、硝化细菌、反硝化细菌等耗氧型活菌为主的，必须在高氧环境下，才会发挥其功效，而且这类生物底质改良剂在使用中会大量耗氧，尤其是底层老化池塘及无增氧设备的池塘慎用。

光合细菌以及复合益生菌等微生物制剂是目前最常用的生物方法。光合细菌可以在光线微弱、有机物、硫化氢等丰富的池底繁衍，并利用这些物质建造自身，而其自身又被其他动物捕食，构成了养殖池塘中物质循环和食物链的重要环节。

光合细菌在池底污染严重或因水质不良又不能换水的封闭式养殖池塘，可发挥出较明显的作用。复合型微生物底质改良剂，能发挥各菌种的协同作用，将残饵、排泄物、动植物尸体等影响底质变坏的隐患物及时分解，不仅改善了底质和水质，而且控制了病原微生物及其病害蔓延。

生产上在使用活菌底质改良剂时，应酌情避开高温雨季使用。藻类与自养型微生物（如光合细菌）以及硝化细菌有竞争作用，因而藻类过多时不利于这些菌的繁殖，从而影响改底效果。

5. 注意事项

（1）用各种底质改良剂前应提前开启增氧机 1 ～ 2 小时，或用增氧剂 1 千克 / 亩，全塘泼洒后再用底质改良剂效果更好。

（2）严格按说明书使用各类底质改良剂，一次效果不明显时，隔日再用一次。切忌一次性过量使用。

（3）切忌用明矾或一些含有铝的产品来改良水质。

另外，如果干池期较长，可考虑把水产动物和农作物进行轮作。这样可以使淤泥更充分地干透，靠陆生作物发达的根系，使土壤充分与空气接触，有利于有机物的矿化分解，更好地改良池底，同时，还可以获得农作物本身的经济价值。另外，生长的青绿作物和牧草还可作为池塘的优良绿肥和鱼类饲料。

池塘底质的缓冲能力、自净能力、生产性能、抗逆性能的好坏，是池塘养殖成败的关键。“成也底质、败也底质”对于池塘养殖业而言一点都不为过。要使池塘养殖业得以可持续发展，克服连作障碍，池塘底质定期改良需引起池塘养殖者足够的重视。

第四节　调水改底操作关键技术

一、合理施肥，培育水质

肥料多寡影响虾的生长，又影响水质变化。在养殖时，也可以通过适度育肥，使浮游生物处于良好的生长状态，增加水体中的溶解氧和营养物质，从而培育出良好的水质，辅助养殖品种生长。基本原则是施足有机肥、控制无机肥、不施生肥。

一般根据水质掌握情况，5～6月以施有机肥为主，每7～10天施一次：7～9月以施化肥为主，每4～6天施肥一次。对于养殖小龙虾等为主的池塘，应根据池水水质情况及天气情况施肥，一般要求水质透明度在30～40厘米。同时注意一次施肥量不宜过多，每亩水面用氨水8～10千克，在使用氨水时，应该用河泥和水稀释，比例为1∶10∶50混合后全池泼洒，也可根据水温、水质情况施用生物肥（包括EM菌、光合细菌等），保持水质良好。

二、科学投喂，减少污染源

夏季小龙虾生长最为旺盛，饲料投入较多，对水质影响很大，应把握科学投喂的原则，稳定好水质，以免对小龙虾造成危害。在投喂时投喂量应根据天气、水质及摄食情况灵活掌握，天气晴好、

水质清新、摄食旺盛时可适当多投；反之，则酌情少投或不投。

早春季节，通常投喂蛋白质含量较高的配合饲料（河蟹饲料），适当搭配一些鲜活杂鱼等。精饲料以投喂后2小时内吃完为宜。一般精饲料每天投喂2次，上午9～10时及下午5～6时各投喂一次，同时也可以投喂一些麸皮、玉米、水生植物等。

要严格控制上午小龙虾浮头时投喂和夜间投喂，以免造成病害。精饲料要求营养全面且充足，宜采用正规厂家生产的全价饲料。鲜活杂鱼、螺蛳、贝类要求适合小龙虾口味，无毒无害。避免投喂霉变饲料。在饲料品种上讲究粗精搭配。

三、定期调节，保持水质

夏季水温高，水质变化快，加之投喂施肥量较大，各种养殖品种排泄量大，极易污染水质，故应加强水质调节。

常用调节方法有以下几种。

1. 定期加注新水

定期注水是调节水质最常用的也是最经济适用的方法之一。一般每7～10天加注新水一次，每次加水1/3。在池水恶化严重时，宜采取换水措施，保持良好的水质。整个夏天池塘应尽量保持最高水位。

2. 使用增氧机

精养池塘应配备专门的增氧机，一般在晴天下午2～3时开机增氧，有浮头危险时也可开机增氧。

3. 药物调节水质

可用生石灰定期调节水质，一般每20天按每亩用生石灰10～15千克化水全池泼洒一次，也可以增加水中游离钙的含量，帮助小龙虾蜕壳。

4. 严格预防缺氧

应及时清除池塘或饲料台上的残饵、污物，防止水质污染。在池塘发生浮头时，可选用增氧剂等相关药物予以增氧。

5. 轮捕控水质

夏季随着小龙虾等养殖品种的快速生长，池塘水产品载货量大幅度上升，水质恶化的概率越来越大，此时注意搞好轮捕，释放水体空间，控制好水体载货量，起到调控水质、防患于未然的作用。因为到夏季时各种养殖品种生长较快，所以应做好轮捕工作，捕大留小，均衡上市。

第六章 稻虾连作关键技术

稻虾连作（一般为小龙虾与中稻轮作）是指在稻田里种一季水稻后，接着养一季小龙虾的一种种养模式。具体而言，就是每年8～9月水稻收割前投放亲虾，或9～10月水稻收割后投放幼虾，第二年4月中旬至5月下旬收获成虾，5月底、6月初整田和插秧，如此循环轮替的过程（图6–1、图6–2）。

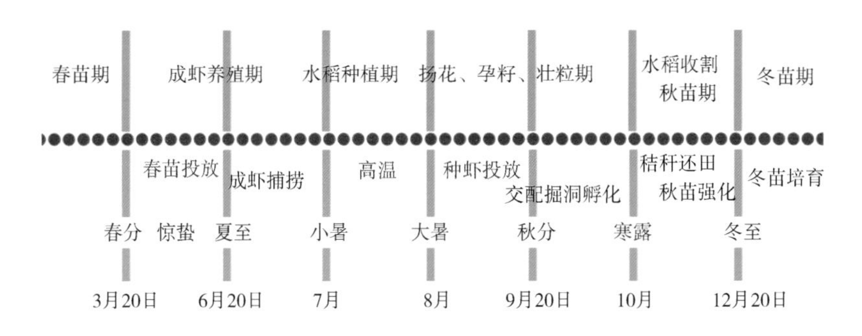

图6–1　稻虾连作生产周期图

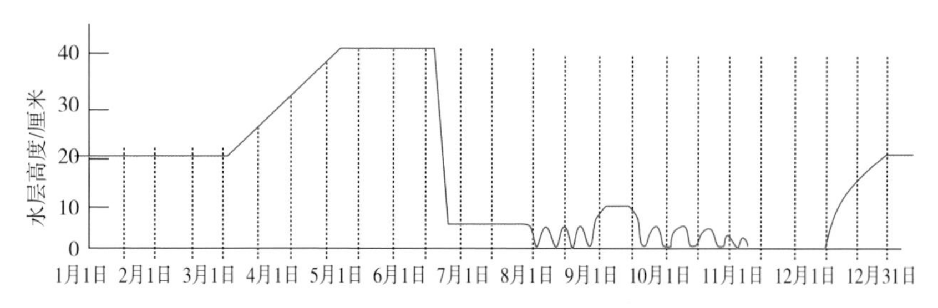

图 6-2　稻虾连作模式水层管理图

一、水源水质

周围无水体污染源，环境符合养殖生产的要求。水源充足，水质清新，无污染，灌排方便，抗旱防涝，水质良好。

二、土质

稻田土质要肥沃，保水能力强，底质没有改造过。黏性土壤为最佳，矿物质土壤和沙土容易渗水、漏水则不适宜养虾。面积原则上不限，但如果太小则不利于形成规模效应，西南部四川、重庆地区 5 亩以上为宜，长江流域和黄河灌区及东北平原等具有良好平整土地资源的最好以 20 ～ 50 亩为一个养殖单元，便于人工管理。对于规模较大，产量、效益要求较高的基地，还要考虑交通便利，电力供应有保证，最好集中连片，便于水产品销售、品牌创建和形成产业化。一个单元的稻田田面落差不宜过大（落差小于 30 厘米），否则影响水稻栽培，需进行土地平整。

总体来说，养虾稻田可选择交通便利，水源充足，水质良好，排灌方便，不涝不旱，保水、保肥性能好，平整向阳，有一定规模，适宜水稻生长的田块。选择的稻田通过改造，创造适宜的环境条件利于水稻和小龙虾生长，同时便于生产管理和上市销售。

三、稻田要求

稻田地势相对低洼，面积10亩以上，加固田埂，埂高0.5～0.7米，埂宽≥0.5米，田埂坡度1：（2～2.5），捶紧夯实。田埂内侧0.6～1.0米处，沿稻田四周开挖环形沟，环形沟面宽3.0～6.0米、深0.7～1.0米。稻田面积超过30亩，田块中间应开挖“十”字或“井”字形田间沟，田间沟宽1.0～3.0米、深0.6～0.8米。田间沟与环形沟相通。环沟和田间沟占稻田总面积的10%～20%。田埂和环沟两侧的坡度为1：2（图6–3）。

图6–3　稻田简单工程改造

开挖环沟所挖出的土主要用于加高、加固田埂，目的是提高和保持稻田水位，有利于提高稻田养殖产量，并防止大雨、洪水冲塌。养虾稻田田埂通常应加高到1.5～2米，埂顶宽2～3米，加固时每层土都要夯实，做到不裂、不漏，满水时不崩塌，确保田埂的保水性能要好。有条件的可以在田面平台上四边筑一条小土埂，埂高10～20厘米、宽10～15厘米，每边根据长度设置2处或3处缺口，便于稻田田块上进水和排水，也利于插秧时稻田维持一定水位及施肥用药时隔离虾群。

为方便水稻直播栽插和机械收割，可设1～2处作为农机通道，位置以操作方便为宜。环沟预留30厘米深的原生土层不挖，埋1～3根水泥加筋混凝土管（直径≥0.6米，一般为0.6米或0.9米），再用开挖环沟所起的素土回填。农机通道可保证环沟水体相通（图6–4）。

图6–4　养殖环沟和机械作业道

进、排水渠道一般利用稻田四周的沟渠建设而成，尽量做到自流，减少动力取水或排水，降低养殖成本，也可规划新建，进、排水渠道分开，以避免串联发生交叉污染。进、排水口均采用三型聚丙烯管，简称PPR管，排水管呈"L"形，一头埋于田块底部，另一头可取下，利用田内水压调节水位，进、排水设施均需做好防逃，可用聚乙烯网或铁丝网套住管口，网眼规格以小于田内最小虾苗规格为佳，以不逃虾、不阻水为原则（图6–5）。建好的进、排水渠，要定期进行修整，以保证水灌得进、排得出。

扫一扫，观看
"稻虾田进水口"
视频

图 6–5　分水井和进水口过滤网袋

第二节　放养前的准备

一、防逃设施

田埂四周用规格 1 厘米的聚乙烯网围成防逃设施，网内侧上部缝上宽 0.25 ～ 0.3 米的农用薄膜，下部埋入土中 0.2 ～ 0.3 米，上部高出田埂 0.7 ～ 0.8 米，每隔 1.5 米用木桩或竹竿固定。进、出水口防逃材料用网眼 0.5 毫米的聚乙烯网片（图 6–6）。

图 6–6　排水口和防逃纱网

二、清沟消毒

水稻烤田时放干环形沟内的水，修整田埂、环形沟和田间沟，并对沟渠消毒，清除所有杂鱼。

三、水草移植

水生植物移植面积不少于田沟面积的 1/3。水草有轮叶黑藻、苦草和伊乐藻等（图 6–7）。

图 6–7　稻田水草种植图

第三节　种虾放养

一、种虾要求

种虾来源于水面积较大的自然水域捕捞虾，雌雄比为（1.2～1.5）：1，规格≥35克/尾，附肢完整，无病害，活力好，有光泽。运输时间控制在2小时，越短越好（图6–8）。亲虾投放时选择稻田中草多的地方，分点投放，把虾筐放下，让亲虾自行爬出虾筐。亲虾投放要细致、快速、不伤虾。

图6–8　种虾装筐

二、亲虾消毒

亲虾消毒方法可灵活掌握。在运输车到达池边后，在消毒容器中加入浸浴药物（如高锰酸钾、聚维酮碘或食盐溶液等），按要求时间浸浴（图6–9）。

消毒注意事项如下。

①不论用哪种渔药都要随配随用。

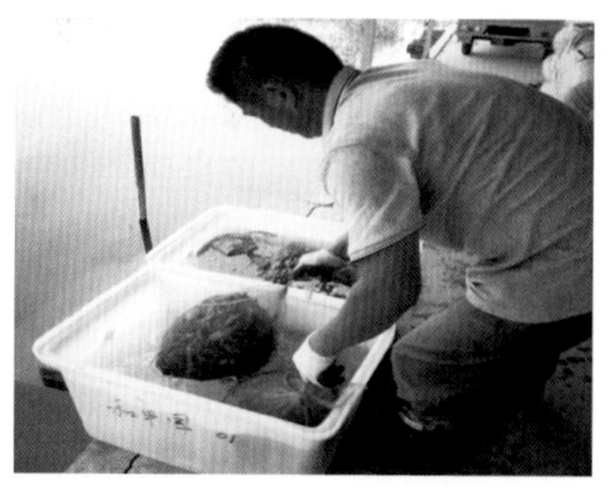

图 6-9　亲虾消毒处理

② 用药量要准确，不要随意加大药液浓度或延长浸洗时间。

③ 要用木制或塑料桶 / 盆，不宜用金属容器配制药液。

④ 配药的水要求水质清新、无毒无害、含有机物质少，溶解氧含量高。

⑤ 消毒时必须要有人守护，并注意观察，发现虾有异常情况，要立即让其下田，以免死虾。

⑥ 配制的药液可循环使用 3 ～ 5 次，药液用后不要倒入田中。

三、投放时间

稻田养虾要一次放足虾种，捕大留小。投放亲虾的时间一般是 6 ～ 8 月，不晚于 9 月中旬，具体是水稻收割前；投放虾苗一般在 9 ～ 10 月。苗种投放尽量早，早投早收获，避开上市高峰，经济效益更为可观。清沟后 1 周待清沟药物无毒性后放养亲本，放养工作要在 10 月上旬之前完成。

四、投放模式

1. 亲虾投放

据生产实际情况对比，投放亲虾时间在 6 月上旬至 8 月中旬的，所收获的虾产量最高。究其原因：一方面，水温较高，稻田内饵料生物丰富，利于亲虾繁殖和生长；另一方面，亲虾刚完成交配，没有抱卵，投放到稻田后刚好可以繁殖出大量的小虾。亲虾最好采用地笼捕捞的虾，9 月下旬以后水温开始降低，小龙虾运动量下降，地笼捕捞效果不好，亲虾数量难以保证，因此购买亲虾时间宜早为好，不能到 11 月还在投放亲虾。

2. 虾苗投放

9 ～ 10 月投放人工繁殖的虾苗，每亩投放量为 20 ～ 30 千克，自行爬入四周环沟水体（图 6–10）。小龙虾在放养时，要注意幼虾的质量，同一田块放养规格要尽可能整齐，一次放足。选择颜色纯正，有光泽、体色深浅一致的虾苗，虾苗来源按照就近原则。

图 6–10　小龙虾秋季苗种投放

3. 放养量与方法

每亩放养种虾 10 ～ 12.5 千克，沿田间沟多点放养，同一块稻田要一次放足。投放面积按稻田环沟面积计算，而非整个稻田面积。虾苗抗应激处理：在运输车到达田边后，在塑料或木制容器中加入抗应激药物（如应激灵或维生素 C 等），进行虾苗浸泡，能提高虾苗成活率。

虾苗投放时，选择稻田斜坡或田面上水草茂盛的地方，分点投放，把虾筐侧放，让虾苗自行爬出虾筐。虾苗投放要细致、快速、不伤虾。虾苗下田 3 天稳定后，进行全田消毒处理，可采用聚维酮碘、复合碘等刺激性小的消毒药。

第四节 饲养管理

一、饲料投喂

1. 饲料要求

饲料以配合颗粒饲料为主，充分利用稻田天然饵料，配合饲料粗蛋白质≥ 36%，耐水性大于 5 小时，饲料质量符合 NY 5072—2002 的规定。

2. 投饲方法

种虾放养后要及时投喂饲料，日投喂 1 次，通常在 17：00 ～ 18：00 投喂，饲料均匀投放在环形沟四周。生产中，为了确保饲料定点投喂观察小龙虾摄食状态、避免饲料浪费和方便收集残饵等，每一田块需搭建 1 ～ 2 个饲料台。用直径 5 厘米的 PVC 管或塑料管作边，80 目细网缝制饲料台，固定于环沟边台或田面上。

3. 投喂量

投喂量按放养量的 2% ～ 3% 投喂，实际投喂量可根据吃食情况确定，通常饲料投喂以 3 小时后基本吃完为宜，冬季寒冷天气可以停食。

4. 幼虾投喂

当发现有幼虾出现时，应及时投喂幼虾饲料，投喂量视吃食情况确定。

二、水质调控

种虾放养时要求环沟水位在60厘米以上，待水稻收割后可适当降低水位晒田；晒田3天后，田块进行施肥翻耕，翻耕后暴晒数日，再逐步提高水位，进行幼虾繁育。冬季要保持田中水位在最高位，翌年3月适当降低水位，以后视水质肥度适时添加新水。进入4月后，根据水温、水质的变化情况经常泼洒微生物制剂以改善水质。注意观察虾的活动、吃食和稻田水质变化，遇到异常情况及时采取相应措施。

第五节　日常管理

一、巡查

每日坚持巡田，主要工作如下。

观察虾的活动、生长情况，及时清除残饵及腐败水草，发现小龙虾生病应立即隔离、准确诊断、及时治疗。

检查小龙虾吃食情况，每日调整饲料投喂量，一般在投喂后3小时左右通过设置在投喂路线上的食台来观察饲料的剩余情况，不够则加量，剩余则减量（图6-11）。

检查防逃设施，发现破损及时修补。发现漏洞，采取措施进行堵塞。根据虾沟内水草量及生长情况，及时补充水草。

图 6-11　小龙虾摄食情况观察台

二、记录

做好各项日常生产记录，包括饲料投喂、投入品使用、每日巡塘总结、水草长势、病害、设施损坏和维修等内容。

第六节　捕捞与运输

一、捕捞

到 4 月中旬可进行商品虾捕捞上市销售，通过地笼网目调节捕大留小；到水稻秧苗栽插前应捕捞出田中 80% 以上的小龙虾；插秧时停止捕捞，待秧苗返青后继续捕捞，至烤田时捕捞结束（图 6-12）。

扫一扫，观看“小龙虾地笼网”视频

二、运输

主要采用干法运输，在泡沫箱或塑料周转箱的底部放一些水草，把虾放在水草上，再覆盖一层水

图 6–12　小龙虾地笼捕捞

草，最后覆盖一层碎冰，保持潮湿和通风，避免风吹和太阳直晒（图 6–13）。

图 6–13　小龙虾装载和运输

第七节　水稻种植

一、品种选择

以粳稻为宜。

二、田块准备

降低田中水位，清除栽秧田块上的小龙虾；在田块四周用密网围住，或在四周边缘筑一高出水面的小埂；平整田块，根据肥力适量施有机肥。

三、秧苗栽插

采用浅水移栽、宽行密株的栽插方法，株行距为16.7厘米×16.7厘米或16.7厘米×20.0厘米，增加田埂内侧虾沟两旁的栽插密度（图6–14）。

图6–14　秧苗栽插

四、田水管理

水位调节是稻田养虾过程中的重要一环，应以水稻为主，兼顾小龙虾的生长需求，按照“浅→深→浅→深”的办法做好水位管理。在小龙虾放养初期，田中水位宜浅，可保持在10厘米左右，随着小龙虾的不断生长和水稻的抽穗、扬花、灌浆，两者均需要大量的水，可将田中水位逐渐加深到20厘米；在水稻有效分蘖期采取浅灌，保证水稻的正常生长（图

扫一扫，观看“8月水稻扬花”视频

图 6–15　水稻田薄水分蘖

6–15）；在水稻无效分蘖期，水位可调节至 30 厘米，既可促进水稻的增产，又可增加小龙虾的活动空间；水稻晒田时不可将水排干，使虾沟内的水位保持在低于大田表面 15 厘米即可，确保大田中间不陷脚，田边表土不裂缝和发白，以水稻浮根泛白为适度。晒田结束后，立即恢复原水位。水温不要超过 35℃，如水温高时需要注水调节，尽量将水温保持在 20 ～ 30℃，有利于小龙虾的生长。

秋季稻谷收割后可排水，太阳暴晒后，再旋耕田面 1 ～ 2 次（图 6–16），进行水草栽种，上水培肥水质，冬季田中水位维持在 30 ～ 50 厘米，保证越冬。晴天有太阳时，水可浅些，让太阳晒水以使水温尽快回升；阴雨天或寒冷天气，水应深些，以免水温下降。在高温季节，一般每周换水一次，每次换去田中水量的 20% 左右，

图 6–16　稻田局部翻耕鸟瞰图

但要注意调节水温。

五、追肥

全年2～3次使用尿素追肥，施用量为4～6千克/亩。施肥前，缓慢降低稻田中的水位，让虾集中到环形沟和田间沟中后，再施肥（图6-17）。

图6-17　稻田施肥，颗粒机喷洒肥料

六、用药

农药选用高效低毒的无公害农药和生物制剂，禁用菊酯类等杀虫剂，严格把握用药浓度。采取喷雾方式喷洒，施药后及时换水。稻田养殖小龙虾后，水稻病虫害大为减少，结合杀虫灯、性诱剂等能取得很好的防治效果和环保效果（图6-18、图6-19）。

扫一扫，观看“稻田施肥”视频

稻田养虾的用药原则是能不用药时坚决不用、需要用药时则选用高效低毒的无公害农药和生物制剂。小龙虾对许多农药都很敏感，水稻施用药物，应避免使用含菊酯类和有机磷类的杀虫剂，以免对小龙虾造成危害。施农药时注意严格把握农药安

图 6-18　二化螟袋

图 6-19　杀虫灯

全使用浓度，确保虾的安全，并要求喷药于水稻叶面，尽量不喷入水中。最好分区用药，将稻田分成若干个小区，每天只对其中一个小区用药。一般将稻田分成 2 个小区，交替轮换用药，在对稻田的一个小区用药时，小龙虾可自行进入另一个小区，避免受到伤害。喷雾水剂宜在下午进行，因为稻叶下午干燥，大部分药液会吸附在水稻上。

第八节　病害防控

一、敌害预防

小龙虾池塘养殖的敌害主要有鸟类、老鼠等。对鸟类采取驱赶等方法，对老鼠应及时杀灭。

二、疾病预防

坚持以生态防治为主、药物防治为辅的预防方法，可采取彻底消毒田间沟；移植好水草，定期用生石灰等消毒水体，用有益微生物制剂改善水质。

三、疾病治疗

一旦发现疾病，对疾病作出准确诊断，对症下药，及时治疗，防止病原蔓延。防治药物的使用执行中国农业农村部的相关规定。

第七章 稻虾共作关键技术

稻虾共作属于一种种养结合的养殖模式，即在稻田中养殖小龙虾并种植一季中稻，在水稻种植期间，小龙虾与水稻在稻田中共同生长。

“虾稻连作”模式下，采取在稻田放养小龙虾，开挖简易围沟或者不开挖围沟都可以，最终导致养虾和种稻的矛盾。一亩田往往只能收获一季虾，效益大打折扣。长江中下游地区，尤其是江汉平原地区，一季度和二季度持续低温，阴雨气候明显。到了稻田排水整田、插秧时节，小龙虾尚未长大，许多尚在幼苗期的小龙虾此时就不得不贱卖，进入加工厂加工成虾仁。小龙虾只有养大，成为商品虾，进入餐饮消费才能高效益，于是“虾稻共作”模式慢慢被养殖户开发出来。

围绕“虾”“稻”矛盾，从2010年左右开始，稻沟由原先约1米宽、0.8米深的小沟，改挖成4～6米宽、1.2～1.5米深的大沟。该模式下，稻田需要排水整田、插秧时，5月、6月还没有卖出的幼虾就有充足的生长水域。等水稻插秧完成，返青分蘖后，再放水，沟里的小龙虾还可以到稻田继续生长。8月、9月虾农们则可收获一定产量的小龙虾，有效解决了小龙虾生长时间不够长的问题（图

7-1、图 7-2）。

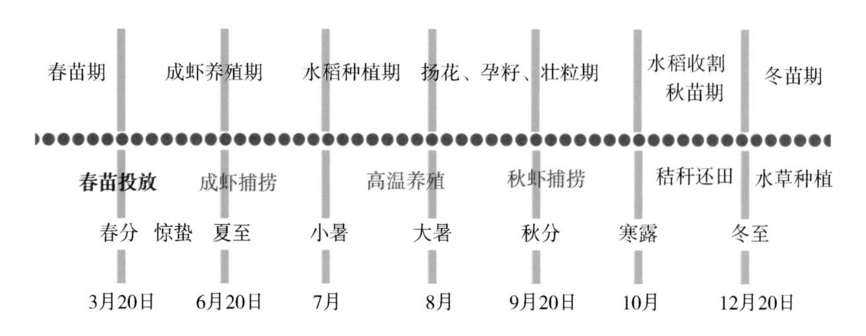

图 7-1　稻虾共作生产周期图

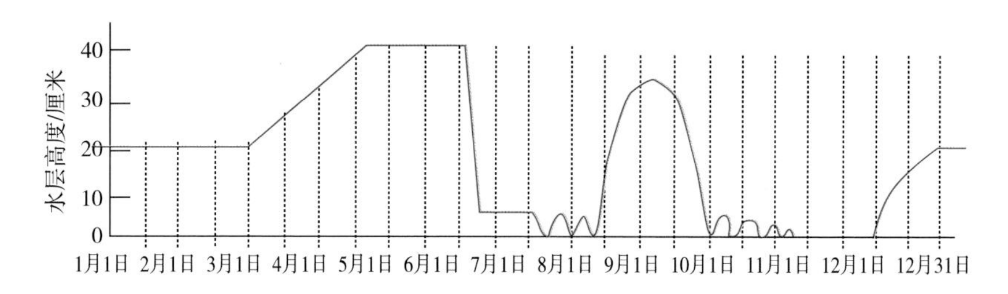

图 7-2　稻虾共作水层管理图

第一节　养虾稻田环境条件

一、地理环境

养虾稻田应是生态环境良好，远离污染源；底质为自然结构，保水性能好。

二、水质

水源充足，排灌方便，水质良好，周围无化工企业、畜禽养殖企业排污行为。

三、面积

面积大小不限，一般以 50 亩为一个单元为宜。

第二节　稻田改造

一、挖沟

沿稻田田埂外缘向稻田内 7 ～ 8 米处，开挖环形沟，堤脚距沟 2 米开挖，沟宽 3 ～ 4 米，沟深 1 ～ 1.5 米。稻田面积达到 50 亩以上的，还要在田中间开挖“一”字形或“十”字形田间沟，沟宽 1 ～ 2 米、沟深 0.8 米，坡比 1 ： 1.5（图 7–3）。

图 7–3　稻田环沟开挖

二、筑埂

利用开挖环形沟挖出的泥土加固、加高、加宽田埂。田埂加固时每加一层泥土都要进行夯实。田埂应高于田面 0.6 ～ 0.8 米，顶部宽 2 ～ 3 米。

三、防逃设施

扫一扫，观看“防逃膜设置”视频

稻田排水口和田埂上应设防逃网。排水口的防逃网应为 8 孔 / 厘米（相当于 20 目）的网片，田埂上的防逃网可用水泥瓦、防逃塑料膜制作，防逃网高 40 厘米。

四、进、排水设施

进、排水口分别位于稻田两端，进水渠道建在稻田一端的田埂上，进水口用 20 目的长网袋过滤进水，防止敌害生物随水流进入。排水口建在稻田另一端环形沟的低处（图 7–4）。

图 7–4　排水过滤、进水过滤

第三节　投放幼虾养殖模式

每年9～10月，中稻收割后，稻田应立即灌水，每亩投放规格为1.0厘米的幼虾1.5万～3.0万尾，经幼虾培育和成虾养殖两个阶段养成商品虾。

一、幼虾培育场地

1. 幼虾培育区

在稻田中用20目的网片围造一个幼虾培育区，每亩培育区培育的幼虾可供20亩稻田养殖。

2. 水深控制

稻田水深应为0.3～0.5米。

3. 培育区内移植水草

水草包括沉水植物（菹草、眼子菜、轮叶黑藻等）和漂浮植物（水葫芦、水花生等），沉水植物面积应为培育池面积的50%～60%，漂浮植物面积应为培育池面积的40%～50%且用竹筐固定。有稻茬的可只移植漂浮植物，供幼虾栖息、蜕壳、躲藏和摄食。

4. 肥水

幼虾投放前7天，应在培育区施经发酵腐熟的农家肥（牛粪、鸡粪、猪粪），每亩用量为100～150千克，为幼虾培育适口的天然饵料生物。

二、幼虾质量

幼虾规格整齐，活泼健壮，无病害。

三、幼虾投放

1. 幼虾运输

幼虾采用双层尼龙袋充氧、带水运输。根据距离远近，每袋装幼虾 0.5 万～ 1 万尾。

2. 投放时间

幼虾投放应在晴天早晨、傍晚或阴天进行，避免阳光直射。

3. 投放密度

培育区每亩应投放规格为 1.0 厘米的幼虾 30 万～ 60 万尾。

4. 注意事项

包装、运输、投放幼虾时应避免离水操作，幼虾运到培育区应进行泡袋调温，温差不超过 2℃。

四、幼虾培育阶段的饲养管理

1. 投饲

幼虾投放第一天即投喂鱼糜、绞碎的螺蚌肉、屠宰厂的下脚料等动物性饲料（以下简称“动物性饲料”）。饲料应符合 GB 13078—2017 和 NY 5072—2002 的规定。每日投喂 3 ～ 4 次，除早上午、下午和傍晚各投喂一次外，有条件的宜在午夜增投一次。日投喂量一般以幼虾总重的 5% ～ 8% 为宜，具体投喂量应根据天气、水质和虾的摄食情况灵活掌握。日投喂量的分配如下：早上 20%，下午

20%，傍晚 60%；或早上 20%，下午 20%，傍晚 30%，午夜 30%。

2. 巡池

早晚巡池，观察水质等情况变化。在幼虾培育期间水体透明度应为 30 ～ 40 厘米。水体透明度用加注新水或施肥的方法调控。

3. 拆围

经 15 ～ 20 天的培育，幼虾规格达到 2.0 厘米后即可撤掉围网，让幼虾自行爬入稻田，转入成虾稻田养殖。

五、成虾养殖管理

1. 投饲

12 月前每月宜投一次水草，用量为 150 千克 / 亩；施一次腐熟农家肥，用量为 100 ～ 150 千克 / 亩。每周宜在田埂边的平台浅水处投喂一次动物性饲料或小龙虾专用人工配合饲料（粗蛋白质含量 30% ～ 32%），投喂量一般为小龙虾总重的 2% ～ 5%，具体投喂量应根据气候和小龙虾的摄食情况调整。当水温低于 12℃时，可不投喂。翌年 3 月份，当水温上升到 16℃以上，每个月投 2 次水草，用量为 100 ～ 150 千克 / 亩。每周投喂一次动物性饲料，用量为 0.5 ～ 1.0 千克 / 亩。每天傍晚还应投喂 1 次人工饲料，投喂量为稻田存虾重的 1% ～ 4%，以加快小龙虾的生长。可用饲料有小龙虾专用人工配合饲料（粗蛋白质含量 28% ～ 30%），如饼粕、麸皮、米糠、豆渣等，投喂的饲料应符合 GB 13078 和 NY 5072 的要求。

扫一扫，观看“自动巡航投料机”视频

2. 水位调控

11 ～ 12 月保持田中水深 30 ～ 50 厘米，随着气温下降，逐渐加深水位至 40 ～ 60 厘米。第二年 3 月水温回升时用调节水深的办法来控制水温，使水温更适合小龙虾的生长。调控的方法是：晴天有太阳时，水可浅些，让太阳晒水以使水温尽快回升；阴雨天或寒冷天气时，水应深些，以免水温下降。

第四节　投放亲虾养殖模式

每年 8 月底，中稻收割前 15 天往稻田的环形沟和田间沟中投放亲虾，每亩投放 20 ～ 30 千克。投放亲虾养殖模式经亲虾繁殖、幼虾培育、成虾养殖三个阶段养成商品虾。

一、亲虾选择

选择亲虾的标准如下：颜色暗红或深红、有光泽、体表光滑无附着物；个体大，雌雄性个体重应在 35 克以上，雄性个体宜大于雌性个体；雌、雄亲虾应附肢齐全、无损伤、无病害、体格健壮、活动能力强（表 7–1）。

二、亲虾运输与投放

1. 亲虾来源

亲虾从省级以上良种场和天然水域挑选，雌雄亲虾不能来自同一群体，遵循就近选购原则。

2. 亲虾运输

挑选好的亲虾用不同颜色的塑料虾筐按雌雄分装，每筐上面放一层水草，保持潮湿，避免太阳直晒，运输时间应不超过 10 小时，运输时间越短越好。

表 7–1　小龙虾雌雄性特征对照表

辨别方式	雌虾	雄虾
体色	颜色暗红或深红，同龄个体小于雄虾	颜色暗红或深红，同龄个体大于雌虾
同龄亲虾个体	小，同规格个体螯足小于雄虾	大，同规格个体螯足大于雌虾
腹肢	第一对腹足退化，第二对腹足为分节的羽状附肢，无交接器	第一、第二对腹足演变成白色、钙质的管状交接器
倒刺	第三、第四对胸足基部无倒刺	成熟的雄虾背上有倒刺，倒刺随季节而变化，春夏交配季节倒刺长出，而秋冬季节倒刺消失
生殖孔	开口于第三对胸足基部，为一对暗色的小圆孔，胸部腹面有储精囊	开口于第五对胸足基部，为一对肉色、圆锥状的小突起

3. 水草

亲虾投放前，环形沟和田间沟应移植 40% ～ 60% 面积的漂浮植物。

4. 亲虾投放

亲虾按雌、雄性比例（2 ～ 3）：1 投放，投放时将虾筐浸入水中 2 ～ 3 次，每次 1 ～ 2 分钟，然后投放在环形沟和田间沟中。

三、饲养管理

1. 投饲

8 月底投放的亲虾除自行摄食稻田中的有机碎屑、浮游动物、水生昆虫、周丛生物及水草等天然饵料外，宜少量投喂动物性饲料，每天投喂量为亲虾总重的 1%。10 月发现有幼虾活动时，饲养管理方法同本章第三节"投放幼虾养殖方式"。

2. 加水

中稻收割后将秸秆还田并随即加水，淹没田面。

3. 防治敌害

稻田饲养小龙虾，其敌害较多，如蛙、水蛇、黄鳝、肉食性鱼类、水老鼠及水鸟等。放养前用生石灰清除敌害生物，每亩用量为75千克；进水时用20目纱网过滤；注意清除田内敌害生物；可在田边设置一些彩条或稻草人，恐吓、驱赶水鸟。

第五节　小龙虾常见疾病及防治

小龙虾常见疾病及症状和防治方法见表7–2，治疗过程应按NY 5071—2002的要求操作。水稻病防治与农药使用按SC/T 1009—2006的规定执行。

表7–2　小龙虾常见疾病及症状和防治方法

病名	病原	症状	防治方法
甲壳溃烂病	细菌	初期病虾甲壳局部出现颜色较深的斑点，然后斑点边缘溃烂、出现空洞	避免损伤；饲料要投足，防止争斗；用10～15千克/亩的生石灰兑水全池泼洒，或用2～3克/米^{3}的漂白粉全池泼洒，可以起到较好的治疗效果。但生石灰与漂白粉不能同时使用
纤毛虫病	纤毛虫	纤毛虫附着在成虾、幼虾、幼体和受精卵的体表、附肢、鳃等部位，形成厚厚的一层"毛"	用生石灰清塘，杀灭池中的病原；用0.3毫克/升四烷基季铵盐络合碘全池泼洒

续表

病名	病原	症状	防治方法
病毒性疾病	病毒	初期病虾螯足无力、行动迟缓、伏于水草表面或池塘四周浅水处；解剖后可见少量虾有黑鳃现象、普遍表现肠道内无食物、肝胰脏肿大，偶尔见有出血症状（少数头胸甲外下缘有白色斑块），病虾头胸甲内有淡黄色积水	用聚维酮碘全池泼洒，使水体中的药物浓度达到0.3～0.5毫克/升；或者用季铵盐络合碘全池泼洒，使水体中的药物浓度达到0.3～0.5毫克/升；也可用单元二氧化氯100克溶解在15千克水中后，均匀泼洒在1亩（按平均水深1米计算）水体中；聚维酮碘和单元二氧化氯可以交替使用，每种药物可连续使用2次，每次用药间隔2天

第六节　成虾捕捞、幼虾补投和亲虾留存

一、成虾捕捞

1．捕捞时间

第一茬捕捞时间从4月中旬开始，到6月上旬结束。第二茬捕捞时间从8月上旬开始，到9月底结束。

2．捕捞工具

捕捞工具主要是地笼。地笼网眼规格应为2.5～3.0厘米，保证成虾被捕捞，幼虾能通过网眼跑掉。

3．捕捞方法

将地笼布放于稻田及虾沟内，每隔3～10天转换地笼布放位置，当捕获量比开捕时明显减少时，可排出稻田中的积水，将地笼集中于虾沟捕捞。捕捞时遵循捕大留小的原则，并避免因挤压伤及幼虾。

二、幼虾补投

第一茬捕捞完后，根据稻田留存幼虾情况，每亩补放 3 ～ 4 厘米幼虾 1000 ～ 3000 尾。幼虾从周边虾稻连作稻田或湖泊、沟渠中收集。挑选好的幼虾装入塑料虾筐，每筐不超过 5 千克，每筐上面放一层水草，保持潮湿，避免太阳直晒，运输时间应不超过 1 小时，运输时间越短越好。

三、亲虾留存

第二茬小龙虾捕捞期间，前期捕大留小，后期捕小留大，亲虾存田量每亩不少于 15 千克。

第七节　水稻栽培与管理

一、水稻栽培

1. 水稻品种选择

养虾稻田只种一季稻，水稻品种要选择叶片开张角度小，抗病虫害、抗倒伏且耐肥性强的紧穗型品种。

2. 稻田整理

稻田整理采用围埂法，即在靠近虾沟的田面围上一圈高 30 厘米、宽 20 厘米的土埂，将环沟和田面分隔开。要求整田时间尽可

能短，防止沟中小龙虾因长时间密度过大而造成不必要的损失。也可以采用免耕抛秧法。

3. 施足基肥

养虾的稻田，可以在插秧前的 10 ～ 15 天，亩施农家肥 200 ～ 300 千克，尿素 10 ～ 15 千克，均匀撒在田面并用机器翻耕耙匀。

4 . 秧苗移植

秧苗在 6 月中旬开始移植，采取浅水栽插、条栽与边行密植相结合的方法，养虾稻田宜推迟 10 天左右。无论是采用抛秧法还是常规插秧法，都要充分发挥宽行稀植和边坡优势技术，移植密度以 30 厘米 ×15 厘米为宜，以确保小龙虾的生活环境通风透气。

二、稻田管理

1. 水位控制

3 月份，稻田水位控制在 30 厘米左右；4 月中旬以后，稻田水位应逐渐提高至 50 ～ 60 厘米；6 月插秧后，前期做到薄水返青、浅水分蘖、蘖够晒田（图 7–5、图 7–6）；晒田复水后湿润管理，孕穗期保持一定水层；抽穗以后采用干湿交替管理，遇高温灌深水调温；收获前一周断水（图 7–7）。越冬期前的 10 ～ 11 月份，稻田水位控制在 30 厘米左右，使稻蔸露出水面 10 厘米左右；越冬期间水位控制在 40 ～ 50 厘米。

扫一扫，观看“8 月 15 日稻虾田水位”视频

2. 施肥

坚持“前促中控后补”的施肥原则，化肥总量每亩施纯氮 12 ～ 14 千克、五氧化二磷 5 ～ 7 千克、

图 7-5　浅水分蘖

图 7-6　蘖够晒田

氧化钾 8 ～ 10 千克。严禁使用对小龙虾有害的化肥，如氨水和碳酸氢铵等。

3. 晒田

晒田总体要求是轻晒或短期晒，即晒田时，使田块中间不陷脚，田边表土不裂缝和发白。田晒好后，应及时恢复原水位，不要晒得太久，以免导致环沟小龙虾密度因长时间过大而产生不利影响。

图 7-7　干湿壮籽

三、水稻病虫害防治

按每 3.3 公顷安装一盏杀虫灯的标准诱杀成虫。利用和保护好害虫天敌，使用性诱剂诱杀成虫，使用杀螟杆菌及生物农药 Bt 粉剂防治螟虫。

重点防治好稻蓟马、螟虫、稻飞虱、稻纵卷叶螟等害虫。重点防治好纹枯病、稻瘟病、稻曲病等病害，防治方法见表 7-3。

表 7-3　常见病虫害防治方法

病虫害	防治时期	防治药剂及用量（有效成分）	用药方法
稻蓟马	秧田卷叶株率 15%，百株虫量 200 头；大田卷叶株率 30%，百株虫量 300 头	吡蚜酮 60 ~ 65 毫升 / 公顷	喷雾
稻水象甲	百蔸成虫 30 头以上	杀虫双 750 毫升 / 公顷	喷雾
褐飞虱	卵孵高峰至 1 ~ 2 龄若虫期	噻嗪酮 112.5 ~ 187.5 毫升 / 公顷；吡蚜酮 60 ~ 75 毫升 / 公顷	喷雾
白背飞虱	卵孵高峰至 1 ~ 2 龄若虫期	噻嗪酮 112.5 ~ 150 毫升 / 公顷	喷雾
稻纵卷叶螟	卵孵盛期至 2 龄幼虫前	氯虫苯甲酰胺 30 毫升 / 公顷；杀虫双或杀虫单 810 ~ 1080 毫升 / 公顷；苏云金杆菌（8000 国际单位 / 毫克）3750 ~ 4500 毫升 / 公顷	喷雾

续表

病虫害	防治时期	防治药剂及用量（有效成分）	用药方法
二化螟、三化螟、大螟	卵孵高峰期	氯虫苯甲酰胺 30 毫升 / 公顷；杀虫单 675 ～ 940 克 / 公顷；苏云金杆菌（8000 国际单位 / 毫克）3750 ～ 4500 毫升 / 公顷	喷雾
秧苗立枯病	水稻秧苗 2 ～ 3 叶期	广枯灵 45 ～ 90 毫升 / 公顷；敌克松 875 ～ 975 毫升 / 公顷	喷雾
稻瘟病	发病初期	三环唑 225 ～ 300 毫升 / 公顷	喷雾
纹枯病	发病初期	井冈霉素 150 ～ 187.5 毫升 / 公顷；苯醚甲环唑 • 丙环唑 67.5 ～ 90 毫升 / 公顷	喷雾
稻曲病	破口前 3 ～ 5 天	苯醚甲环唑 • 丙环唑 67.5 ～ 90 毫升 / 公顷	喷雾

四、排水和收割

应注意的是，排水时应将稻田的水位快速下降到田面 5 ～ 10 厘米，然后缓慢排水，促使小龙虾在环形沟和田间沟中掘洞。最后环形沟和田间沟保持 10 ～ 15 厘米的水位，即可收割水稻。

第八章 高秆稻与小龙虾种养关键技术

稻虾共作模式下，由于水稻需要烤田壮棵，防止倒伏，一定程度上对小龙虾生长有较大不利。近年来，浙江、湖北、湖南、江苏等地的水稻育种专家，开发出一类不需要进行烤田的中深型水稻，也称为高秆水稻。

高秆水稻的开发，实现了在同一稻田内既养殖小龙虾又种植水稻的目的，在稳虾增产的同时，可增收一季优质水稻。小龙虾既能清除稻田内的杂草，又捕食水稻害虫，减轻了水稻的草害和虫害（图 8–1）。

扫一扫，观看“7 月 25 日高秆水稻田”视频

小龙虾在稻田内的运动可疏松土壤，其排泄物是水稻的优质肥料，可促进水稻生长。水稻能起到降低水温、增加溶解氧和净化水质的作用，还是小龙虾栖息、觅食、避敌和蜕壳场所，为小龙虾营造舒适快乐的生长环境（图 8–2 ～图 8–4）。

图 8-1　高秆水稻

图 8-2　高秆水稻与小龙虾共作

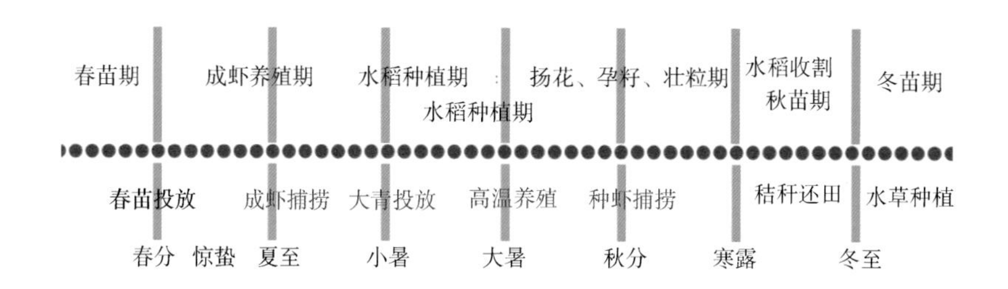

图 8-3 小龙虾中深型水稻种养生产周期图

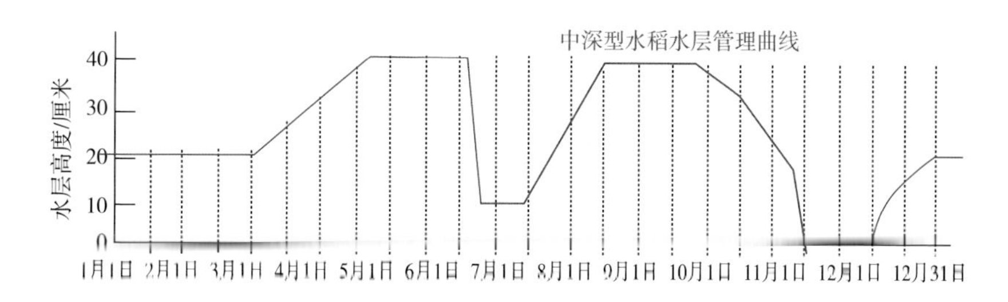

图 8-4 小龙虾中深型水稻种养模式图

第一节 稻田选择与改造

一、稻田选择

选择靠近水源、水量充足、水质优良、排灌方便、环境安静、无污染源、电力配套、交通便捷的地方养殖。

二、稻田改造

将稻田改建成东西向、长方形的种养型稻田，面积以 10 ～

20 亩为宜，土质以黏壤土为佳。在稻田四周开挖养虾围沟，沟深为 80 ～ 100 厘米、底宽为 6 ～ 8 米、口宽为 8 ～ 10 米。沟内挖出的泥土用于在池塘中央抬土造田（面积较大的池塘在台田中间还需开挖浅垄沟，以便捕虾操作）和稻田四周固埂护坡，使中央稻田面积占总面积的 80% ～ 90%。塘埂高达 1.2 ～ 1.5 米、宽达 2.5 ～ 3.0 米。

稻田应建有独立的进、排水系统，进、排水口分别位于稻田长轴两端，进水口建在稻田一端的池埂上，排水口建在池塘另一端对角的最低处。用填埋水泥管或架设旧楼板等形式建好农用机械及生产管理人员进出稻田的通道。

三、防逃设施

用网目孔径为 2 毫米的聚乙烯网片包围塘埂四周，形成防逃墙。网片埋入地下 20 厘米，高出埂面 50 ～ 60 厘米，外侧用竹竿或细木棍作支撑，上端缝制宽为 20 ～ 30 厘米的硬塑料片形成倒挂，进、排水口需用竹箔和网目孔径为 1 毫米的聚乙烯网片制作栅栏或用不锈钢密网封口，以防小龙虾潜逃出塘和青蛙等敌害入侵。

第二节　养虾准备

一、清沟消毒

水稻烤田时放干环形沟内水，修整田埂、环形沟和田间沟，并对沟渠消毒，清除所有杂鱼。

二、水草移植

水生植物移植面积不少于田沟面积的1/3。水草有轮叶黑藻、苦草和伊乐藻等。

三、虾苗放养

1. 虾苗质量

小龙虾苗种的质量要求是：规格整齐、体质健壮、附肢齐全、活动力强和无病、无伤、无虫。

2. 虾苗放养

虾苗分2次放养。第1次于3月底至4月初放养虾苗，规格为3厘米左右，密度为6000尾/亩，此时以围沟养殖为主。

第2次于6月中、下旬（秧苗栽插返青后）补放幼虾，规格为100～200尾/千克，密度为2000～2500尾/亩，此时可让小龙虾进入中央台田养殖。一般于晴天早晨、傍晚或阴天放养虾苗，尽量放养自己培育的虾苗。若放养的是从外地购进的人工繁殖的虾苗，因离水时间较长，应将虾苗放入池水内浸泡约1分钟，再提起搁置2～3分钟，如此反复2～3次，让虾苗体表和鳃腔吸足水分后再沿塘埂水边有水草处放养，以提高成活率。若放养的是从当地收购的野生虾苗，则应放入暂养池中驯化后再放养，以免因争食、争地盘而相互打斗。

3. 虾苗消毒

虾苗放养前需用3%～5%的食盐水溶液浸泡消毒10分钟左右，以杀灭体表致病菌及寄生虫。

第三节　育秧栽插

一、选种

稻种的选择要求是：株型高大、茎秆粗壮、抗倒伏、抗病虫、掉粒少和产量高，并且适宜在土壤肥沃和30～80厘米的水位区种植。

二、育秧

育秧方法主要有：旱田育秧、水田育秧、盘栽育秧、盆栽育秧和点穴直播等（图8-5、图8-6）。按栽植面积计算，用种量为0.25～0.35千克/亩。育秧时间宜早不宜迟，最好选择在4月中、下旬进行。

图8-5　水田育秧

图 8-6　盘栽育秧

三、插秧

保持台田水深为 20 厘米左右，目前尚无适宜的机械插秧设备，因此还是采用人工插秧，栽插株间距为 60 厘米 ×80 厘米，栽插密度为 1200 ～ 1800 丛 / 亩，以确保小龙虾生活环境通风透气和出行畅通。秧苗栽插时间在 6 月上旬。

第四节　养虾管理

一、投喂管理

采用多种饲料轮喂方式，能提高小龙虾的消化酶活性，促进生长。投喂的主要饵料有：豆饼、玉米、冰鲜鱼和配合饲料。日投喂 2 次，早、晚各投喂 1 次，以傍晚投喂为主，占日投饵量的 70%。围沟两岸设多点重点投喂，台田垄沟酌情适量投喂。一般采用 3 ～ 4 种

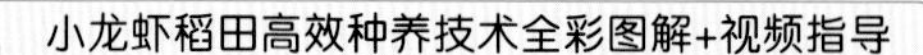

扫一扫，观看“7 月 5 日高秆稻分蘖”视频

饲料 5 天一轮回的投喂方式，即前 3 天投喂配合饲料，之后投喂 1 天冰鲜鱼，再投喂 1 天豆饼或玉米（玉米煮熟后投喂）。配合饲料（粗蛋白质含量为 35% 左右，水溶性达 5 小时以上）的日投喂量为存塘虾总量的 3% ～ 5%、冰鲜鱼为 8% ～ 10%、豆饼或玉米为 4% ～ 6%。具体投喂量应视天气、水温和小龙虾的摄食情况灵活调控。一般以投喂 3 小时后基本吃完或略有剩余为宜。小龙虾的游水能力较差，活动范围也小，且具有占“地盘”的习性，投喂应坚持“四定”原则，即定时、定点、定质、定量。

二、水质管理

水质调控必须满足小龙虾、水稻生长的共同需求。4 ～ 5 月控制水位不高于中央台田，让虾苗在围沟中养殖。秧苗栽插前在中央台田四周设置好拦网，秧苗栽插时保持中央台田水位为 10 厘米左右，2 ～ 3 周后可提高至 20 ～ 30 厘米，待分蘖形成后，随着稻株长高逐渐提高水位，一般以不淹没稻的心叶为宜。在水稻拔节、孕穗、扬花和灌浆成熟期，保持中央台田水位为 50 ～ 80 厘米，以满足小龙虾、水稻的需水量（图 8-7）。高温季节，每 7 ～ 10 天换水 1 次，

图 8-7　夏季高秆稻稻田水位（40 ～ 50 厘米）

换水量为台田水量的 20% ～ 30%。每 10 ～ 15 天泼洒 1 次 EM 菌液（主要成分为放线菌、乳酸菌、芽孢杆菌、光合细菌、酵母菌等），1 米水深用量为 1000 毫升 / 亩，以改良和稳定水质。当 pH 值低于 7.5 时，泼洒生石灰水，1 米水深用量为 10 千克 / 亩；当 pH 值高于 8.5 时，泼洒降碱灵（主要成分为植物降碱素、生物酸、BNS、降碱酶、缓冲剂），1 米水深用量为 200 克 / 亩。经常开启增氧机增氧，保持溶解氧含量在 5 毫克 / 升以上，让小龙虾在享受"氧调"生态环境中快乐生长。

在增氧机因故不能正常使用时，可抛撒增氧片（主要成分为过氧碳酸钠、缓释包膜、增效剂）增氧，1 米水深用量为 200 克 / 亩。中央台田水位较浅易生青苔，应适时泼洒护草青苔净（主要成分为有机阳离子活性剂），1 米水深用量为 25 ～ 30 克 / 亩，以杀灭青苔并将其转化为氨基酸，促进小龙虾和水稻生长。

三、防病管理

小龙虾的适应性和抗病能力较强，虾稻共生时很少发病，但随着放养密度的提高和养殖规模的扩大，小龙虾疾病也时有发生，主要有肠炎病、黑鳃病、纤毛虫病等。

肠炎病防控措施：投喂用肠炎灵（主要成分为黄芩 30%、黄檗 30%、大黄 30%、大青叶 10%）制成的药饵，每千克饲料用量为 10 克，1 次 / 天，连喂 3 ～ 5 天。或泼洒高聚碘（主要成分为碘、特种表面活性剂、天然中草药萃取物复配而成）1 米水深用量为 50 ～ 100 毫升 / 亩。

黑鳃病防控措施：泼洒漂白粉（主要成分为次氯酸钙、氯化钙、氧化钙、氢氧化钙；有效氯含量为 30%）或菌毒净（主要成分为三氯异氰脲酸、解毒增效剂；有效氯含量≥ 50%），1 米水深用量分别为 600 ～ 800 克 / 亩和 150 克 / 亩。

纤毛虫病防控措施：泼洒三氮脒、一水硫酸锌等除纤毛虫水剂，

1 米水深用量分别为 20 ～ 25 毫升 / 亩和 250 克 / 亩。

四、小龙虾捕捞

第一茬虾从 4 月底开始捕捞，在围沟中投放地笼捕捞成虾，笼中放入腥味较浓的鱼、动物内脏等作诱饵，诱虾入笼。一般是傍晚放笼诱捕，清晨收获“笼中之虾”。至 6 月上旬捕出 80% 的商品虾，剩余部分小规格虾留着虾稻共作。第二茬虾从 7 月下旬开始捕捞，在围沟中投放地笼、垄沟中投放虾笼进行捕捞，捕大留小，至 9 月底结束笼捕。于水稻收割前 10 ～ 15 天排干塘水，将小龙虾“一网打尽”，为水稻收割“铺平道路”。

第五节　高秆稻管理

一、追肥

稻田施肥以基肥为主，追肥为辅。一般每月追施 1 次生物有机肥（主要成分为光合细菌、芽孢杆菌、乳酸菌、酵母菌、固氮菌等），用量为 8 ～ 10 千克 / 亩。严禁施用对小龙虾有害的氨水和碳酸氢铵等化肥。追肥时先降低中央台田水位，让小龙虾集中到围沟、垄沟之中，然后开始施肥，使施入的肥料迅速沉积于田泥中，及时被田泥和水稻吸收，施肥结束后，随即提升台田水位至正常深度（图 8-8、图 8-9）。另外，追肥还可增加浮游生物的繁殖速度和密度，可促进小龙虾快速生长。

扫一扫，观看“8 月 20 日高秆水稻”视频

图 8–8　高秆水稻种植

图 8–9　高秆水稻水位调控

二、防虫

扫一扫，观看
“稻虾田防虫”
视频

小龙虾对许多农药都较为敏感，水稻生长过程中一般不施农药，主要采用以下措施防控害虫。一是采用天敌群落重建技术防控水稻害虫。在虾塘生态系统非水稻生境中保留适当比例的野生植物可以更好地引诱害虫取食和产卵；在塘埂上种植一些黄豆等作物，能促使某些天敌种群迅速建立，并增强天敌数量和活力。二是采用光源引诱技术防控水稻害虫。选择新型频振灯和节能宽频灯作为诱虫光源，能起到较好的杀灭水稻害虫的作用。若能与太阳能供电配套，还可实现种养与环保的完美结合。

三、割稻

10 月底至 11 月初开始收割水稻，由于没有适宜收割高秆水稻的机械设备，因此，目前只能采取人工收割。一般是割取水面以上部分茎秆和稻穗（图 8–10、图 8–11）。水稻收割后开始清塘，准备下一轮虾稻种养。

图 8–10　高秆水稻收割

图 8–11　高秆水稻留茬

第九章 水稻插秧前的管理技术

稻虾综合种养必须严格依据《中华人民共和国土地法》《基本农田保护条例》和《土地承包法》等法律法规，必须以种植水稻为主。因为小龙虾不能远距离摄食，稻田不宜过宽，细长形稻田有利于开展稻虾种养，当单个稻田面积大于 20 亩，或者稻田宽度超过 20 米以上时，应在稻田内增添“一”字形或“十”字形沟。

第一节 冬季稻田工程技术要点

一、开挖环沟

开挖环沟一般是稻虾种养的主要工程。通过环沟，稻田中能够增加有效水体和养殖动物活动空间；另外，在水稻种植、烤田期间，能够为小龙虾提供水体空间。环沟剖面总体上呈“上宽下窄”的梯形结构，开挖面积在不得超过稻田总面积的10%范围内进行，除开沟外，不得破坏整个稻田的耕作层。

环沟尺寸：沿田埂内侧四周开挖环沟（注意：靠路一侧，留出机械进出通道），沟宽3～6米、深1.0～1.2米，田埂坡比1∶2.5。田地面积大于20亩时，在田中间开挖“十”字形或“井”字形沟，沟宽0.5～1米，深0.8～1.0米（图9-1、图9-2）。

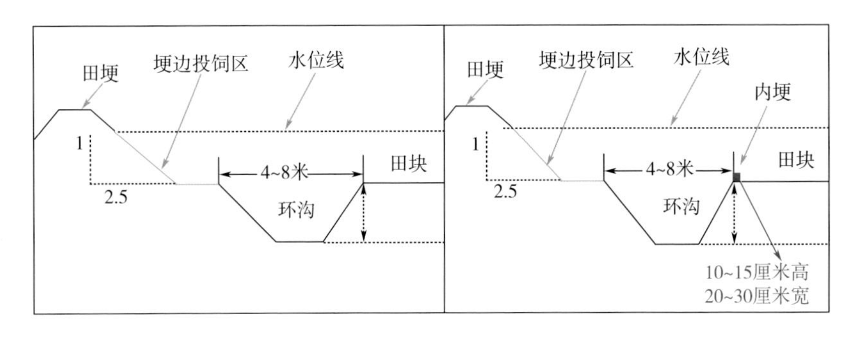

图9-1　稻虾连作模式中的两种典型环沟工程

图9-2　稻田环沟航拍图

注意事项：小龙虾喜欢在环沟浅滩上活动、摄食，因此环沟坡比大，有利于小龙虾打洞繁育苗种。环沟不一定是紧贴田埂，也可以距离田埂一定距离。一部分养殖户会在距离田埂一个插秧机宽度（约2米）的地方开挖环沟，充分利用插秧机实施插秧，避免田埂

附近边角不能插秧，提高了水稻种植面积，减少了浪费，在生产中是可行的。

扫一扫，观看“小龙虾育种池”视频

二、加高加固田埂

开挖环沟的土用于加高加固田埂，目的是提高和保持稻田水位，有利于提高稻田养殖产量，并防止大雨、洪水冲塌，以备在上面建防逃设施，防止敌害生物入侵和避免养殖对象逃逸。养殖稻田田埂的高度通常加高到0.8～1米，埂面宽0.6～1米，加固时每层土都要夯实，做到不裂、不漏、不垮，在满水时不能崩塌，确保田埂的保水性能。

注意事项：稻虾连作模式下，如果不准备在水稻种植期间养殖小龙虾，当田埂高度满足小龙虾养殖需要时，可以减少环沟或者不要环沟。为了同时满足小龙虾育苗的需要，环沟可以开挖成“一”字形、“L”形或“U”形，常见于在以小龙虾育苗为主的稻虾连作地区。

三、设置进、排水口

在稻田两端斜对角，开挖进、排水口，以利进、排水通畅。进、排水管由阀门控制，阀门边缘要求严密无漏洞，进、排水口用不锈钢、塑料网布、竹篾等材料建成防逃栅栏，避免进、排水时小龙虾逃逸。

注意事项：为阻止野杂鱼进入，一般会在进水口上套尼龙材质的滤网。滤网密度不低于80目，为防止滤网堵塞，破损，建议使用缓冲式滤网。缓冲式滤网是先在进水口套一个40目的滤网，进水在一个80目的尼龙网箱中，可以更好地阻挡鱼卵、野杂鱼进入池塘（图9-3）。

图 9-3　两段式进水过滤

四、建防逃设施

防逃设施一般用塑料布、塑料薄板、瓷砖等材料，在田埂上方田埂斜面内侧的外沿稻田四周挖约 0.2 米深的沟，将塑料薄板埋入沟中，保证塑料薄板露出田埂面 0.5 米左右，塑料薄板每隔 1 米用竹竿、木棍或塑料细管支撑固定，防逃塑料薄板在四角做成弧形，防止小龙虾沿夹角爬出逃逸。

注意事项：不是每块稻田都必须用防逃膜围挡，当养殖场有多个连续田块时，将多个田块围一个总的防逃膜即可。

第二节　冬春水草种植技术要点

虾苗—水稻连作模式下，冬春主要以虾苗培育为主，成虾养殖为辅，稻田内由于稻梗返青，能够部分起到水稻遮蔽的作用，稻田田块上可以少种草或者不种草，稻田环沟需要种植水草。环沟内应种植采取伊乐藻、轮叶黑藻、苦草等（图 9-4）。

成虾—水稻连作，稻虾共作模式下，冬季主要在稻田田块和四

图 9–4　水草种植与施肥

周环沟内种植伊乐藻。稻田环沟内待进入早春后，再种植轮叶黑藻、苦草等其他水草，满足夏季养殖生产的需求。

水草种植前，需进行稻田清塘消毒。养殖时间超过 3 年的稻田，原则上必须进行翻耕清塘消毒，使用生石灰干法清塘，用量为 100 千克 / 亩。5 ～ 7 天后，向围沟内注水 80 ～ 100 厘米，使用 10% 溴氯海因或 10% 聚维酮碘消毒，1 米水深用量分别为 250 ～ 300 克 / 亩和 300 ～ 500 毫升 / 亩，以迅速、彻底杀灭病原菌、寄生虫及野杂鱼等敌害生物。

移植伊乐藻、轮叶黑藻等，水草移植以 3 ～ 5 株为一簇，每簇水草间距为 1 米左右，水草覆盖率春季占虾沟总面积的 40%，夏、秋季占 50%。水草不仅是小龙虾的植物性饵料，还是小龙虾栖息、觅食、蜕壳、避敌场所，还能起到净化水质、增加溶解氧、防暑降温的作用。养殖过程中若发现水草不足，以水花生和水浮萍作补充。若水草过盛，则应人工割除距水面以下 20 ～ 25 厘米的草头，以控制竖长，促进横长，确保水草不烂根、不枯萎、不漂浮、色绿叶青有活力（图 9–5）。

图 9–5　水草种植布局图

第三节　春季茶粕杀野杂鱼技术要点

茶粕，又称茶籽饼，别名茶麸、茶枯。呈紫褐色颗粒，是野山茶油果实榨油后剩下的渣压成的饼粕，是我国水产养殖清塘时杀灭野杂鱼常用的渔用投入品。其毒杀鱼的原理是茶粕中含有皂素12%～18%，皂素又称皂角苷，是一种溶血性毒素，与水生动物血细胞中的血红素结合，导致血细胞分解，水生动物死亡。虾蟹类的耐受力是鱼的40倍以上，鱼、虾、蟹对茶粕的耐受力不同的主要原因是它们的血色素组成不同，鱼的血色素是含亚铁的血红素，虾蟹类的血色素是含铜的血蓝素，皂苷主要和血红素发生作用，能杀死野杂鱼类、蛙卵、蝌蚪、螺蛳、蚂蟥和一部分水生昆虫，对水中的贝类、沙蚕等也表现出一定的毒性，对致病菌和水生植物没有杀灭作用（图9–6）。

茶粕中含有丰富的粗蛋白质及多种氨基酸等营养物质，清塘进水后，有利于浮游生物大量繁殖，是基础饵料生物的一种良好的有机肥料。对淤泥少、底质贫瘠的池塘可起到肥水的作用。

茶粕一般是带水清塘，水深为30～50厘米，用盛有茶粕浸泡

图 9-6　清塘用茶粕和化学药物

液的小船，便于全池均匀泼洒。水深 30 ～ 50 厘米时每亩用量为 20 ～ 30 千克，根据池中泥鳅、黄鳝钻泥的水生动物的多少调整用量。在使用茶粕清塘时，需要先将茶粕粉碎，浸泡 24 小时，以使茶粕中的有效成分（皂素）释放，药效一般持续 7 ～ 10 天。药效消失后才可投放虾苗。如果池中泥鳅、黄鳝钻泥的水生动物较多时，在清塘前一两天将全池注水 0.15 米深浸泡，待泥鳅、黄鳝从底泥中钻出后再使用茶粕清塘，杀灭效果较彻底。

注意事项：由于皂素易溶于碱性水中，使用时每 50 千克茶粕加 1.5 千克生石灰，药效更佳。

第四节　春季虾苗投放技术要点

一、苗种选择

1. 虾苗体色

青色虾苗的生长速度＞螯、头、尾稍红虾苗的生长速度＞全红虾苗的生长速度＞黑红虾苗的生长速度＞全黑虾苗的生长速度。

2. 虾苗活力

虾苗活力越差，适应能力就越低，投苗后死亡的概率就越高。凡是自己不能翻身，翻身不能爬行或者原地不动的虾苗均属于活力差、体质差的虾苗。

3. 虾苗规格

虾苗个体大小相差不大，规格基本整齐。规格相差悬殊、个体大小不均的虾苗，入池后好打斗，蜕壳不同步，蜕壳期相互残杀率较高。最佳池塘投放200～240尾/千克，其中以200尾/千克为最佳，养殖生长倍数和投放个数均为最佳。

二、苗种运输

1. 就近原则

选择购买虾苗的地点离自家塘口越近越好，这样可以缩短虾苗脱水运输时间，减少虾苗在运输中的损伤。从而提高虾苗成活率。外购虾苗，必须保证来源于人工专池繁育，运输时间为3小时以内。若确需长途运输，需每隔2小时喷淋清洁塘水1次；运输过程须保持虾体湿润和运输环境不透风以防虾苗脱水，否则虾体及鳃丝经风吹后会导致脱水死亡。

2. 控制密度

运输密度不宜过大，每筐盛装虾苗以6～8千克为宜，以防虾苗挤压。运苗筐的底部先铺垫一层湿润的水草然后放虾苗，再铺垫一层水草后再放虾苗，如此一层一层地叠放虾苗（图9-7、图9-8）。

扫一扫，观看“商品虾转运”视频

图 9-7 小龙虾苗种装运

图 9-8 小龙虾苗种盖草装运

不建议加冰，很容易冻伤小龙虾，造成小龙虾下塘成活率不高。

扫一扫，观看“虾苗带草运输”视频

三、放苗前的准备

1. 清淤除杂

养殖过的老塘口要清除池底过厚淤泥（保留淤泥 5 ～ 10 厘米），使用茶籽饼清塘以杀除野杂鱼、未捕净的存池虾及敌害生物。

2. 栽植水草

向池内栽植伊乐藻、轮叶黑藻，为池虾提供增氧、栖息、蜕壳场所和植物性饵料。水草栽植可根据虾池形状，采用条块状和棋盘式的复合型布局，使全池水草覆盖率达 40% 左右。

3. 肥水培饵

于放养前 7 ～ 10 天向池内投施有机肥，以保持水温，减缓虾苗入池的应激反应，同时为即将入池的虾苗提供生物饵料。生物饵料营养全面，适口性好，是提高虾苗成活率和快速生长的重要物质基础。

4. 消毒抑菌

虾苗经运输、放养等操作，体质活力有所下降，因此，放苗前池塘要先进行消毒处理，以减少病菌的侵害。建议小龙虾池消毒用碘制剂、戊二醛、微生物（蛭弧菌）制剂三大类（图 9–9），而不建议用二氧化氯、漂白粉等。

图 9–9　虾苗消毒

四、苗种投放

1. 规律

3 月份放的虾苗，翻倍率在 5 倍左右，4 月 10 日前投放的虾苗

在4倍左右，4月20日前投放的虾苗在3倍左右，5月1日前投放的虾苗在2倍左右。所以要早投苗，早管理，早收益。

2. 泡苗

放苗前需要将小龙虾苗种在塘水内浸泡1～2分钟，提起搁置2～3分钟，然后再浸泡1～2分钟，如此反复2～3次，让苗种鳃内和体表吸足水分，适应水温。然后用维生素C、葡萄糖等抗应激药物化水浸泡苗种5分钟后，拿起来准备放苗。

3. 下塘

选择晚上和清晨购苗，以确保水温达10℃以上的晴天早晨放苗，避免阳光直晒。虾苗应选择多点投放，不可集中一处投放。正确的放养方法为：将虾筐斜放于水边，或者靠近内埂和台田投放，让其自行爬走（图9–10）。

图9–10　春苗投放

扫一扫，观看“虾苗投放”视频

五、放苗后的管理

1. 抗应激

投苗次日再泼洒一遍解毒抗应激类药品，降低虾苗应激性反应，增加水体表面张力，提高池塘下层水的溶解氧。

2. 营养强化

放苗后，3 天内使用粗蛋白质含量在 30% 以上的配合饲料进行投喂，投喂时以虾苗总重的 10% 为基准，后期观察小龙虾摄食情况后进行增减。每天喂 2 次，早晨和傍晚各一次，晚上投喂量占日投喂量的 70% ～ 80%，饵料应投在池塘四周，并适当分散，小龙虾集中的地方适当多投些，以方便小龙虾摄食。

3. 巡塘

投苗后至少 5 天内坚持夜间和白天巡塘，观察虾苗是否游边、爬草，及时采取对应措施。已死虾苗要及时打捞，防止交叉感染致使其他虾苗死亡。

4. 水质调控

进入养殖正常周期，建议养殖户以投苗 3 天后作为计算起点，每周改底一次，补钙一次，每月肥水 2 ～ 3 次。

5. 注意事项

虾苗采购是决定小龙虾养殖成败的关键，基本原则是：采购距离越近越好，虾苗越新鲜越好，虾苗自行爬入池塘，操作越轻越好。近年来，众多养殖场春季投苗不成功的原因主要在于：一是虾苗大多收集而来，捕捞、收集、等待的时间过长，虾苗活力缺失无法养活；二是虾苗转运时间过长，部分养殖户为了提早放苗，长途跋涉从先出苗的地区（比如江苏养殖场到湖南、湖北洞庭湖流域、洪湖流域跨区运苗），即使保水保活措施尽善尽美，也难敌车辆颠簸时间过长，虾苗难以养活；三是早春虾苗捕捞量少，要特别警惕药物刺激、赶捕而来的虾苗，无法养活。

第五节 小龙虾饲料投喂技术要点

小龙虾具有昼伏夜出的习性，傍晚至黎明是其摄食高峰期，所以晚上投喂的饵料要占全天投喂的80%，并且要做到定时、定量、定点、定质。

一、投喂时间

一般情况下小龙虾进食阶段为早晨及傍晚两个高峰时间段。投喂时间一般又称“投完了天黑，投完了天亮”，即下午5点左右开始投喂，投完饲料基本天黑即止；或者凌晨4～5点开始投喂，投完了天亮即止。

二、投喂量

应根据天气、成活率、健康状况、水质环境、蜕壳情况、用药情况、生物饵料量等因素确定。投喂量过少不利于小龙虾的生长甚至会因为饥饿而引起小龙虾之间的相互残杀；投喂量过多则会增加养殖成本又会造成池塘环境恶化。投喂的饲料蛋白质不能过低，一般蛋白质含量有28%、30%、32%、36%、40%几个规格，每次投喂完要检查小龙虾的进食情况，依据进食量适当调节投喂量。一般以投料后2小时左右吃完为宜。

三、投喂方法

最好采取量少次多的投喂方法，在适温范围内一般日投喂2～3次，分别在7：00、14：00、17：00左右各投喂1次，在春季和晚秋水温较低时，日投喂1次，在傍晚投喂。饲料应多点散投，定点检查，宜把饲料投喂在岸边浅水处、池中浅滩和虾穴附近。

四、注意事项

均匀投喂，饲料投喂一定要均匀分布在小龙虾经常吃食的稻田内水草中间通道上和环沟浅滩上，切忌投在水草上，造成饲料浪费。

晴天多投，草少多投，阴天少投，雨天少投，闷热的雷雨天、水质恶化或水体缺氧时少投。解剖小龙虾发现肠道内食物较少时多投，池中有饲料大量剩余时则少投。

水温适宜则多投，水温偏低则少投。即使在寒冷的冬天也会有部分小龙虾爬出洞外吃食，所以养殖小龙虾开食要早。饲料先精后粗，小苗阶段、蜕壳前期、抱卵孵化阶段要投高蛋白质饲料，蛋白质含量最好不低于 36%。养殖期内可以适当搭配一些蛋白质含量 28%、30% 的饲料或其他饵料。多种饲料轮喂小龙虾，能提高其消化酶活性，提高小龙虾成活率，促进其生长。小龙虾上市季节也可补充投喂一些螺、蚌、蚬等动物性鲜活饵料，以提高商品虾的质量。

第六节　养殖期间水质管理技术要点

早春期间，小龙虾虾苗生长为主，水位保持稻田田块上 0.2 ～ 0.3 米；插秧前，稻田养殖小龙虾通常保持稻田田块上水深 0.4 ～ 0.5 米；插秧后，水位依照水稻管理执行。夏季高温季节和越冬期间可稍微加大水位。整个养殖过程中，水位要保持相对稳定，不要忽高忽低，以免影响小龙虾生长。

一、水体溶解氧调控

一般养虾池水的溶解氧含量保持在 4 毫克 / 升左右，对小龙虾的生长发育较为适宜，一旦溶解氧含量低于 1 ～ 2 毫克 / 升，将会引起小龙虾窒息死亡。防止小龙虾缺氧的有效方法是换水或定期加注新水。一般 5 月份以前和 9 月份以后的春、秋季，每隔 10 ～ 15 天换水 1 次，每次换水量为池水的 1/3 左右。5 月份、6 月份，一般每隔 6 ～ 7 天换水 1 次。7 ～ 9 月份的高温季节，每隔 2 ～ 3 天换水 1 次，每次换水量为池水的 30%。使水质保持“肥、活、嫩、爽”，并有足够的溶解氧，池水透明度控制在 40 厘米左右。

二、水质改良调控

每 15 ～ 20 天换水 1 次，每次换水 30%，保持池水透明度在 40 厘米左右。每 20 天泼洒 1 次生石灰，用量为 10 ～ 15 千克 / 亩，将水体 pH 控制在 7.0 ～ 8.5。

小龙虾养殖期间较为理想的水质指标如下。

透明度：前期 30 ～ 50 厘米，中后期 50 ～ 70 厘米；

酸碱度（pH）：7.2 ～ 8.2；

溶解氧（DO）：≥ 4 毫克 / 升；

氨氮：≤ 0.3 毫克 / 升；

硫化氢（H_2S）：≤ 0.03 毫克 / 升；

亚硝酸盐：≤ 0.1 毫克 / 升；

盐度(S)：小龙虾在淡水中生长和繁殖，一般盐度在 3‰ 以下均可。

三、注意事项

稻虾种养模式下，很多养殖户都不使用增氧机，建议有条件的情况下，可在养虾池深水处安装增氧机，适时开动增氧，提高虾池中的溶解氧含量。平时加换水的原则是蜕壳高峰期不换水，雨后不换水，水质较差时多换水。有条件的还可以定期向水中泼洒光合细菌、硝化细菌之类的生物制剂调节水质。经常使用微孔增氧设施增氧，当微孔增氧设施因故障无法使用时，抛撒粒粒氧等化学增氧剂，保持池水溶解氧含量在5毫克/升以上。

第七节　小龙虾病害防控技术要点

小龙虾病害主要发生在每年5～6月。该时段内，长江中下游处于梅雨季节，天气不稳定、昼夜温差大、雨水增多、潮湿闷热，细菌繁殖速度加快。而且随着投喂量增加，残饵粪便和死亡微生物的积累，底泥容易发黑发臭，水质就开始恶化，氨氮、亚硝酸盐升高。小龙虾乱爬上草、无力爬边、进笼偷死、烂尾、肠炎、甲壳溃疡、肝脏异常等问题多有发生。本章主要介绍小龙虾最主要的“小龙虾白斑综合征”，简称“白斑病”（或者白斑综合征、五月瘟等）。

扫一扫，观看“小龙虾头壳损坏”视频

小龙虾白斑综合征病毒属线形病毒科白斑病毒属，是一种环状双链DNA病毒，能感染对虾、小龙虾等各种虾类。该病毒宿主范围广，传染力强，致死率高，是养殖虾类的主要病原。它主要对虾体的造血组织、结缔组织、前后肠的上皮、血细胞、鳃等系统进行感染破坏。

小龙虾白斑综合征症状主要表现为：活力低下，反应迟钝，附肢无力，经常分布于池塘边，无力上草。病虾摄食量减少，少量虾有黑鳃现象。头胸甲易剥离，壳内有积水，患病的虾体色较健康虾灰暗，部分头胸甲处有黄白色斑点；解剖可见空肠空胃，部

扫一扫，观看“小龙虾体色异常”视频

分尾部肌肉发红或者呈现白浊样，且有卷尾现象。感染后 3 ～ 10 天死亡率达 40% ～ 50% 及以上（图 9-11 ～图 9-14）。

图 9-11　小龙虾头部溃烂

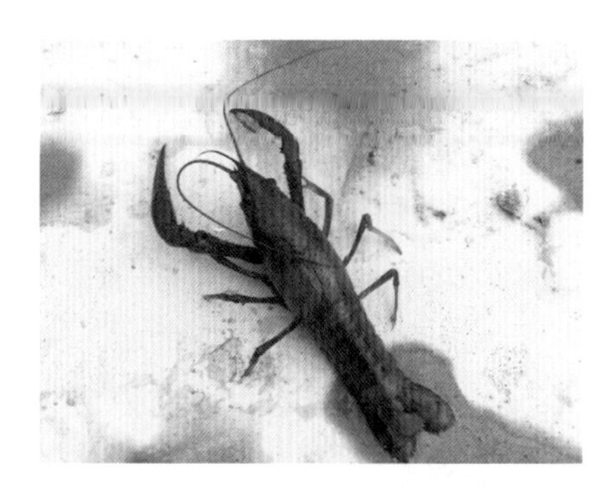

图 9-12　小龙虾体色异常

图 9-13　小龙虾鳃部糜烂

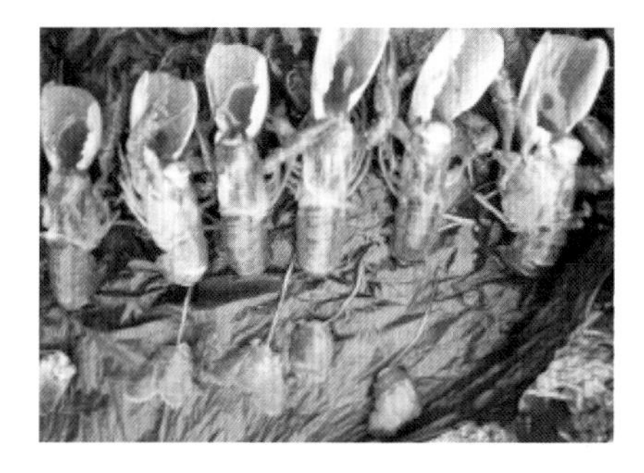

图 9-14　小龙虾白斑综合征症状

一、预防措施

1. 苗种预防

选择健康的不带病原的小龙虾苗种是防控工作的基础。养殖户应首选有检验检疫证明的“SPF 苗种 [不携带白斑综合征病毒（WSSV）]”，但 SPF 苗种供应量有限，无法购得的养殖户要做到不从疫区和疫情不明地区引进虾种，不贪图便宜苗种，选择活力充沛、无病无残、体表完整、规格均匀、肝胰腺呈金黄色的“普通健康虾苗”。

采购“普通健康虾苗”的养殖户，确保在 5 月 1 日前完成苗种投放，防止“五月瘟”的发生。采购“SPF 苗种”的养殖户投放时间可根据生产实际情况确定。投放密度不宜过大，养殖密度过大，在养殖过程中虾体互相刺伤，病原更易入侵虾体；此外大量的排泄物、残饵、虾壳和浮游生物的尸体等不能及时分解和转化，产生非离子氨、硫化氢等有毒物质，使溶解氧不足，虾体体质下降，抵抗病害能力减弱。新开塘口投放密度建议在 5000 尾 / 亩，陈塘投放量依据存塘量进行调整。

虾苗培育过程中，建议投喂高蛋白质高营养的饲料，有助于提高小龙虾免疫力，增强体质。投喂量根据温度及虾吃食情况等调整。杜绝投喂冷冻饵料鱼及混杂海鲜等，有条件的塘口可投喂小龙虾抗病功能性饲料。虾苗捕捞时需保证充足溶解氧。

2. 生产预防

（1）所有养殖操作要参照相关养殖标准，并符合卫生防疫操作规范。

（2）每口虾池设立观察地笼（口部敞开），准确了解并预测发病情况。

（3）投喂成虾饲料或营养全面的配合饲料，并确保投喂量充足，避免因饲料不足而相互争斗，并可降低疾病传播的概率。

（4）改善水质环境，可适当施用微生态制剂；保持适当水量和水体稳定，不频繁换水，防止高温，可以提高小龙虾的抗应激能力或抗病力；在换水时，切忌将患病虾池水未经消毒排入进水渠，在加注新水时要避免将病原已经污染的沟渠水引入池塘，并避免剧烈冲刷池底，以免将底质污泥冲起。

（5）适当降低放养密度，及时捕捞成虾上市，在捕捞过程中，尽量小心操作减少人为干扰，避免引起小龙虾应激反应。若塘口已发病，在捕捞销售时切记捕大留小，要保证捕出的虾不返塘。

（6）对患病虾池水、接触疫病水体的工具、器皿以及人员需要消毒杀菌处理，切断病原传播途径。

（7）及时捞出病死小龙虾进行无公害处理，采用深埋、焚烧、集中高浓度药物消毒处理等方法均可。

3. 药物预防

（1）免疫促进剂　对于没有发病的小龙虾，饲料中添加免疫促进剂进行预防，如 β- 葡聚糖、壳聚糖、多种维生素等（使用剂量参考商品药物的说明书，每 15 天可以连续投喂 4 ～ 6 天），可提高小龙虾的抗病力。

（2）内服药物　每 15 天可以用中草药（如板蓝根、大黄、鱼腥草混合制剂，等比例分配药量）。

预防过程中，中药需要煮水拌饲料投喂，使用剂量为每千克虾体重 0.6 ～ 0.8 克，连续投喂 4 ～ 5 天。如果事先将中草药粉碎混匀，在临用前用开水浸泡 20 ～ 30 分钟，然后连同药物粉末一起拌饲料投喂则效果更佳。

二、治疗措施

1. 外用药物

池塘消毒可以采用杀灭细菌和病毒相结合的方法进行，以碘制剂最为理想，如聚维酮碘、季铵盐络合碘等，两者可以交替使用。使用方法是连续泼洒 2 ～ 3 次，间隔一天泼洒一次。使用剂量参考商品药物说明书上的剂量（0.5 毫升 / 米^3）。

2. 内服药物

对于发病池而尚有小龙虾摄食时，可以采用口服途径投喂抗病毒和抗细菌中草药进行综合治疗。建议在小龙虾预防和治疗疾病时投喂对虾精饲料，并用尼龙网做成饲料台悬挂于水中进行投喂，以便观察虾摄食情况。

3. 注意事项

小龙虾病害防治的手段来自三个方面，即环境优化、增强免疫力、捕捞不回塘。小龙虾患病初期不易被发现，一旦被发现，病情就难以救治，用药治疗作用较小，导致大批小龙虾死亡而使养殖者陷入困境。所以防治小龙虾疾病要采取“预防为主、防重于治、全面预防、积极治疗”等措施，控制虾病的发生和蔓延。建议养殖户应在 4 月中旬甚至更早提前做好预防工作，除常规的调水、改底外，有条件的情况下，5 月份至 6 月下旬气温升高到 30℃前，改投特种抗病饲料，全程改投或部分改投都可。

第八节 投入品管理与使用

从传统的“小农业”来看，稻虾综合种养涉及的水稻种植和水产养殖分别属于种植业和养殖业，目前大多数从事稻虾综合种养的人员缺乏综合性的专业知识，没有较好的将水稻种植与水产养殖进行有机结合，在投入品的使用和管理过程中，没有完全兼顾水稻和小龙虾的生物学与生态学习性。因此，稻虾综合种养活动中亟须加强投入品的严格管理与正确使用。

首先，从事稻虾种养的有关人员需要严格遵守国家有关法律法规，购买有资质的投入品，使用出厂合格且有效的投入品，并定期进行岗位培训，掌握投入品的管理和使用常识，做好种养全程的投入品入库记录和台账。

其次，针对水稻和小龙虾的种养特点，以提高产品品质为目标，在水稻化学农药、化肥和小龙虾抗生素等投入品的使用方面应严格限制，同时控制水稻生物农药、水体消毒剂、小龙虾促生长剂等投入品的使用。当种养过程中出现问题时，应在专业技术人员的指导下，科学地进行水稻和小龙虾的病害防治。

一、饲料类

小龙虾养殖所用的饲料，除常用的颗粒饲料外，还可以是大豆、玉米、冰鱼和鸡杂、鸭肠等畜禽内脏（一类富含蛋白质的营养物质）。使用过程中应注意及时杀菌消毒，避免污染水体。

二、免疫增强剂类

主要包含为提高小龙虾免疫力、降低病害所投喂的相关化学品，使用过程中大多和饲料一起拌匀，或化水后喷洒吸附在饲料颗粒上后，一起投喂。常见的有维生素类（维生素C、复合B族维生素等）、大蒜素、乳酸菌、钙制剂、免疫多糖等相关产品。

三、调水类

一是富含氨基酸、糖类等营养物质的肥水产品；二是以EM菌类（一般是包含光合细菌、乳酸菌、酵母菌、放线菌等10个属80余个微生物的复合微生物菌制剂）为主的生物制剂调水产品；三是富含绿藻、硅藻等藻类生物体的藻类培育产品；四是富含麦芽、山楂等健胃护肝类产品。

四、改底解毒类

最常见的改底产品有过硫酸氢钾、过碳酸钠、过氧化氢、次氯酸钠、有较强的分解有机质能力的复合型微生物等。最常见的解毒类产品有果酸、柠檬酸、烷基类表面活性剂、物理吸附、生物吸附等产品。

改底类小龙虾投入品的使用应根据养殖过程中水体观察、底泥观测的具体情况而定，切忌盲目使用，以免造成重大经济损失。微生物类调水和强氧化类改底产品的使用，建议在晴天上午进行，同时应尽量打开增氧机，提高微生物改善水质的效能，提高强氧化剂对底泥有机物的氧化效能。另外，应尽量多用茶粕、生石灰等产品，少用或不用化学制剂，减少养殖池塘的污染。

五、注意事项

投入品种类繁多，良莠不齐，养殖户经常难以辨认。养殖生产中严禁使用水产类禁用药物；慎用假劣渔药、无证无批准文号渔药、套用或冒用批准文号渔药以及假劣饲料和饲料添加剂、添加抗生素和其他禁用化合物的饲料与添加剂。严禁在营养剂、肥水剂、

调水剂、蜕壳剂等生物制剂和其他非药品类投入品中隐性添加抗生素。杀野杂鱼、杀青苔等产品尤其要慎用，稍有不慎，就会造成小龙虾、水草死亡，水体受到严重污染。

第十章 水稻插秧后的管理技术

由于水稻有较强的地域性，每个品种都有特定的种植区域。稻虾种养选择的水稻品种一般以当地适宜的品种为宜，若选择种植经验比较少的品种，建议在当地水稻栽培管理部门的指导下开展。水稻插秧后，水稻的施肥管理、水层管理、病虫害管理、小龙虾生产管理是管理的重要组成部分。

第一节 水稻品种选择要点

一、稻虾连作模式下的水稻品种选择

除当地常规水稻品种外，还可以选择一些优质食味稻开展种植。近年来，为推动优质稻米的选育工作，2018 年 5 月 3 日，国家优质稻品种攻关推进暨鉴评推介会在广州举行，会上公布了首届全国优质稻品种食味品质鉴评金奖名单，10 个粳稻品种和 10 个籼稻品种上榜。2019 年 4 月 11 ～ 13 日，在农业农村部种业管理司统筹

指导下，全国农技中心会同国家水稻良种重大科研联合攻关组在海南省三亚市水稻公园举办了第二届全国优质稻品种食味品质鉴评暨国家水稻良种重大科研联合攻关推进活动。有30个品种的稻米荣获第二届全国优质稻品种食味品质鉴评金奖，包括15个粳稻和15个籼稻品种，其中吉粳816、玉针香、美香占2号连续获得首届和本届全国优质稻品种食味品质鉴评金奖（表10–1）。

扫一扫，观看“适合稻虾的水稻新品种选育”视频

表10–1　全国优质稻品种食味品质鉴评金奖品种一览表

编号	第一届评比金奖		第二届评比金奖	
	粳稻	籼稻	粳稻	籼稻
1	吉林 – 通禾 899	广东 – 美香占 2 号	江苏 – 南粳 46	攻关组 – 桂育 11 号
2	黑龙江 – 龙稻 18	广东 – 象牙香占	吉林 – 吉农大 667	湖南 – 玉针香
3	新疆 – 金稻 2 号	湖南 – 桃优香占	攻关组 – 隆 6 优 19	贵州 – 锡贡 6 号
4	天津 – 天隆优 619	湖南 – 玉针香	吉林 – 通系 945	湖北 – 鄂中 5 号
5	黑龙江 – 五优稻 4 号	浙江 – 嘉丰优 2 号	上海 – 松香粳 1018	广东 – 美香占 2 号
6	黑龙江 – 松粳 28	贵州 – 锡利贡米	攻关组 – 吉粳 528	攻关组 – 云恢 290
7	吉林 – 吉粳 816	广东 – 增科新选丝苗 1 号	吉林 – 吉粳 816	福建 – 明轮臻占
8	黑龙江 – 松粳 22	广西 – 野香优莉丝	天津 – 津稻 9618	湖南 – 农香 32
9	河南 – 水晶 3 号	重庆 – 神农优 228	吉林 – 吉粳 515	攻关组 – 隆晶优 2 号
10	上海 – 沪软 1212	湖南 – 玉晶 91	吉林 – 通育 269	福建 – 宜优嘉 7
11			攻关组 – 润稻 118	上海 – 早优 73
12			安徽 – 皖垦粳 11036	攻关组 – 兆优 5455
13			辽宁 – 锦稻 109	攻关组 – 泰优 553
14			攻关组 – 南粳 9108	攻关组 – 泰丰优 208
15			云南 – 滇禾优 615	江西 – 万象优 982

优质食味稻注重稻米光泽度、气味、柔软性、适口性、滋味、冷饭质地等指标的培育（表10-2），产品有较好的市场价值，对于创立有影响力的稻虾品牌，提高优质稻品种的产业化水平，对于打造规模化种植、标准化生产、品牌化以及引导国内消费需求等方面有良好的示范效应。

表10-2　优质稻品种食味品质参数一览表（部分）

序号	1	2	3	4	5
品种名称	美香占2号	象牙香占	桃优香占	玉针香	嘉丰优2号
审定编号	粤审稻 2006009	粤审稻 2006044	湘审稻 2015033	湘审稻 2009038	浙审稻 2017012
生长季	晚稻	晚稻	晚稻	晚稻	中稻
生育期/天	112～113	112～114	113.4	114	144.7
整精米率/%	63.6～67	52.5	63.3	55.8	64.1
垩白粒率/%	20	5	20	3	9
垩白度/%	0.8～1.4	1.1	1.6	0.4	0.8
透明度/级			1	1	2
粒长/毫米			7.4	8.8	
长宽比		4.1	3.4	4.9	2.7
直链淀粉含量/%	15～17.6	18.1	17	18	15.1
碱消值/级			7	6	6.3
胶稠度/毫米	72～77	77	60	86	78
食味品质/分	82	82			
理化分	63				
香味	香	香	香	香	
综合评价	国优2	国优2			部优2级

二、稻虾共作模式下的水稻品种选择

夏季小龙虾养殖主要以秋冬育苗为主、秋季捕捞为辅时，可以选择与稻虾连作相同的品种种植。

夏季小龙虾养殖为主、育苗为辅时，基于高温、水位需求等因素，应选择能适应较深水位的中深型水稻品种。相比而言，该类水稻一般不需要烤田或者烤田时间很短，会更利于夏季在稻田中开展小龙虾养殖（图 10-1）。

图 10-1 稻虾种养水稻品种选育

第二节 水稻的施肥技术要点

一、前轻—中重—后补法

施足量基肥，适量施用分蘖肥，合理施用穗肥，根据植株生长情况酌情施用粒肥，从而实现水稻早期稳长、前期不疯长、中期促进花生长、后期植株不早衰，在保证穗数充足的前提下，促进大穗生长，增加粒重。

二、前稳一攻中法

有利于提高有效分蘖率、大穗结实率、颗粒增重率，从而达到水稻施肥稳定、产量高。前期控蘖，具有壮株大蘖，壮秆强根，中攻大穗，中后攻结实率和穗重的特点。

三、前促一中控一后补法

主要通过重施基肥、重施分蘖肥、酌施粒肥达到水稻前期能“轰得起”、中期能“稳得住”、后期能“健而壮”的要求。需要注意的是，该方法也存在一定弊端，就是在前期会使得水稻生长过旺，从而导致田间郁蔽，病虫害严重。

四、前促施肥法

在施足底肥（以农家肥为主）的前提下，早施、重施分蘖肥，特别是氮肥（氮肥占总氮量的60%～80%），这样有利于促进分蘖早生快发，增蘖多穗。底肥需占总施肥量的70%，剩下的30%肥料则在移栽返青后全部施下。前促施肥法常用于水稻生长期雨水集中、肥料流失多、低温光照少的地方。

五、底肥一道清施肥法

在进行整田时将全部肥料一次性施入，将土壤与肥料充分混合。底肥一道清施肥法有利于增加水稻植株的吸氮率，不仅分蘖快成穗多，还可以提高行间透光率，增加粮食产量。底肥一道清施肥法常用于黏土、重壤土等保肥力较强、肥源充足的稻田（图10-2）。

六、测土配方施肥法

测土配方施肥可以协调作物产量、农产品品质、土壤肥力与作物环境的相互关系，可以根据土壤养分测定结果及作物生长所需各

图 10-2 水稻插秧田块整理

种养分的多少，科学搭配各种养分比例及施用量，满足作物对养分的需求，从而达到增产、增效的目的。优点：减低种植成本、减少环境污染和病虫害、减轻土壤板结。

第三节 水稻病虫害防治技术要点

稻虾种养用药一定要谨慎，选择对小龙虾没有伤害的生物农药来防治水稻病虫害，注意有机磷类和菊酯类一定不能使用。

小龙虾对许多农药都较为敏感，水稻生长过程中应使用对小龙虾毒性小的农药，或者不用农药，主要采用物理或生物方法防控害虫。一是采用天敌群落重建技术防控水稻害虫。在虾塘生态系统非水稻生境中保留适当比例的野生植物可以更好地引诱害虫取食和产卵；在塘埂上种植一些黄豆等作物，能促使某些天敌种群迅速建立，并

增加天敌数量和活力。二是采用光源引诱技术防控水稻害虫。选择新型频振灯和节能宽频灯作为诱虫光源，能起到较好杀灭水稻害虫的效果。若能与太阳能供电配套，还可实现种养与环保的完美结合。

直播稻苗较嫩，群体较大，易遭受病虫为害，特别要注意前期稻蓟马，分蘖盛期叶瘟、纹枯病、稻飞虱、二化螟及卷叶螟的防治。破口前 5 ～ 7 天，需喷药防治稻曲病、稻瘟病、纹枯病及螟虫等。齐穗后需再喷一遍。

不确定对小龙虾有影响的农药尽量不要用。稻虾直播田除草必须严格按照一封二杀三拔步骤进行。

一封：播种后 2 ～ 3 天，用二甲戊灵等兑水均匀喷雾土壤。

二杀：3 ～ 4 叶期，可用稻杰（五氟磺草胺）亩用 60 毫升兑水 30 千克，施药前排水至秧苗以下，均匀喷雾，1 天后复水，保水 5 ～ 7 天。

三拔：播种 50 天以后再出现杂草，采用人工拔除（稻虾直播田做好前期封闭除草工作，后期因为小龙虾的活动和取食，一般杂草很少）。用除草剂除草的田块在封杀后 1 周可用生物降解剂解除药剂残留，增加水稻品质（表 10–3）。

表 10–3　稻虾共养水稻用药方案

生育期	病虫害	使用时间	防治方案	备注说明
分蘖盛期	纹枯病	苗后 25 ～ 30 天	24A 井冈霉素水剂 40 ～ 50 克 / 亩	适当喷施硅锌肥
	叶瘟	移栽后 15 ～ 20 天	6% 春雷霉素 50 克 / 亩 +1000 亿枯草芽孢杆菌 80 克 / 亩	适当喷施营养肥
	二化螟、卷叶螟		32000 国际单位 / 毫克苏云金杆菌 100 克 / 亩 +20% 氯虫苯甲酰胺 10 毫升 / 亩	
	飞虱，蓟马		50% 烯啶虫胺 10 克或 60 克 / 升乙基多杀菌素 30 毫升或 0.5% 藜芦碱 100 毫升 / 亩	

续表

生育期	病虫害	使用时间	防治方案	备注说明
孕穗末期破口前7天	纹枯病、稻曲病	分蘖后30～35天	24A井冈霉素水剂40～50克/亩	如果发病较重可以加量
	稻瘟病		6%春雷霉素50克/亩+1000亿枯草芽孢杆菌80克/亩	适当喷施硅肥
	二化螟、卷叶螟		32000苏云金杆菌100克/亩+20%氯虫苯甲酰胺10毫升/亩	可喷施硒肥
	飞虱		50%烯啶虫胺10克或60克/升乙基多杀菌素30毫升或0.5%藜芦碱100毫升/亩	如果虫情较重可以混用
破口、灌浆期	稻瘟病、稻曲病	60%已经抽穗、齐穗灌浆期	24A井冈霉素水剂40克/亩+6%春雷霉素200克/亩	适当喷施硅肥和营养肥
	二化螟、卷叶螟		32000苏云金杆菌100克/亩或者20%氯虫苯甲酰胺10毫升/亩	可喷施硒肥
	飞虱		50%烯啶虫胺10克或60克/升乙基多杀菌素30毫升或0.5%藜芦碱100毫升/亩	如果虫情较重可以混用

第四节　福寿螺防治技术

福寿螺是长江中下游地区，稻田中常见的螺类。福寿螺原产于南美洲亚马逊河流域。20世纪70年代引入我国台湾，1981年由巴西籍华人引入广东。1984年后，福寿螺已在广东广为养殖，后又被引入其他省份养殖。由于养殖过度，迅速扩散于河湖与田野；其食量大且食物种类繁多能破坏粮食作物、蔬菜和水生农作物的生长，对水稻的生产造成的损失大大超过其作为美食的价值。

一、生物学特性

福寿螺一生经过卵、幼螺、成螺三个阶段，世代重叠，一年四季成螺、幼螺并存，具有繁殖力强、食性杂、适应性广等特点（图10-3）。最适宜生长水温为25～32℃，超过35℃生长速度明显下降，生存最高临界水温为45℃，最低临界水温为5℃，能天然越冬。

福寿螺喜生活在水质清新、饵料充足的淡水中，在稻田中多集群栖息于浅水区，或吸附在水稻茎叶上，或浮于水面，能离开水体短暂生活，成螺喜阴避光，白天多沉于水底或附在沟渠，或聚集在稻株下面。饥饿状态下，成螺也会残食幼螺和螺卵。

二、主要危害

福寿螺密度大的时候，水稻的茎叶上，淡红色的福寿螺卵块随处可见。福寿螺食性杂，从水稻发芽成苗开始取食为害，尤其是取食细嫩部位，早期咬断秧苗，以甜度高的杂交稻禾苗受害较重，直到禾苗转为生殖生长阶段才转轻。

三、防治方法

实行“预防为主，综合防治”的植保方针，采用农业防治、人工防治、生物防治为主，化学防治为辅的综合防治措施。防治策略上重点抓好越冬成螺和第一代成螺产卵盛期的防治，压低第二代发生量，并及时抓好第二代的防治。在防治措施上，整治和破坏福寿螺的越冬场所，减少冬后残螺量，控制其扩散为害。

1. 消灭和减少越冬螺源

利用福寿螺在溪河渠道越冬或栖息的特点，把冬修水利、整治渠道和消灭越冬福寿螺紧密结合起来,破坏福寿螺的越冬栖息场所，有效减少翌年发生量。结合水旱轮作和深翻土地直接杀死成螺，降

图 10–3　福寿螺

低越冬螺的存活率和冬后残螺量。

2. 人工防治，科学管水

在螺害发生较重的地区，避免田水串灌或在稻田进水口设置拦截网灭螺，防止福寿螺随灌溉水侵入。螺卵盛孵期，初孵幼螺抗性弱，应该在此时注意排水，适当晒田，可以降低幼螺的存活率。

3. 生物防治

（1）养鸭食螺　在福寿螺发生地区，有计划地组织农户饲养鸭群，在螺卵盛孵期将鸭群赶至农田、沟渠中啄食幼螺，既灭螺减少为害，又提供了鸭饲料，一举两得。

（2）茶麸防治　施用前，先把茶麸粉碎成粉粒状，便于在施用到田间时整块田均匀撒施，充分发挥茶麸的作用。施用茶麸时，把 6 ～ 8 千克茶麸分成 3 份，先把其中 2 份茶麸全田均匀撒施，剩下 1 份则在靠近田埂处及田埂周围加量撒施，防止福寿螺逃逸，田间保持浅水层 7 天。

4. 化学防治

福寿螺主要为害时期为水稻移栽至分蘖盛期，分蘖后期一般不再受害。对每平方米有 3 ～ 4 只螺的田块，应及时采取防治措施。

亩用45%百螺敌可湿性粉剂45克，或65%五氯酚钠粉剂200克，或6%密达颗粒剂500克拌土15千克均匀撒施田面。施药时田间保持4厘米浅水层，施药后保持水层7天左右，在此期间尽量保持水清澈，这样杀螺效果更佳。

第十一章 水稻收割后的管理技术

水稻收割后，须开展秸秆处理、上水种草、冬季肥水等，为来年小龙虾养殖打下良好的基础，是小龙虾养殖周期的开始，具有重要作用。冬春稻虾养殖田核心管理是“三早”管理。

一早：早上大水，水稻收割之后，晒塘 1 ～ 2 周，池塘先灌大水 1 周，把洞穴里的虾苗淹出来，再降低水位，开始种植水草。

二早: 早肥水，虾苗出来之后，定期肥水，给虾苗提高开口饵料，增强虾苗体质，能健康度过越冬期，同时，严防青苔生长和蔓延。

三早：早投喂，早投喂开口饵料，恢复虾苗体质，长规格，早上市。

第一节　水稻秸秆利用技术要点

一、机械化处理

收割完稻谷后的秸秆在水中易腐烂、变质，并且恶化水质而发臭，使水色发黑发红。这种水质情况会极大地影响种虾的抱卵率及来年虾苗的成活率。条件允许的话，应使用翻耕机对土壤进行适当的翻耕，方便后续栽草和换水。建议多换几遍水，并配合相应的秸秆腐熟产品使用，注意调水、改良底泥，清除土壤中的有毒物质。当然有条件时，也可进行机械化粉碎，处理效果更好（图11-1）。

图 11-1　秸秆留田、翻耕处理

有研究表明，连续3年秸秆还田，可增加土壤有机质，秸秆覆盖或秸秆翻压都可以增加土壤孔隙度、减少土壤容重，使得土壤疏松，通透性改善。研究表明，稻草全量还田在2～3年内对水稻增产无显著作用，在配施氮肥的情况下，稻草全量还田对水稻的增产率一般为5%～9%，远低于施加稻草对水稻的增产效应，所以一般建议在南方双季稻区实行半量稻草原位还田,半量稻草易地还土。秸秆在冬季、春季为小龙虾苗种繁育和生长提供了养分和遮蔽空间，另外，秸秆长时间泡在水中，会造成水体污染，因此，秸秆还田应科学操作，因地制宜开展。

试验发现，田间杂草主要有稗、千金子、双穗雀稗、异型莎草、水莎草、灰化苔草、鳢肠、陌上菜、水苋菜、丁香蓼、水蓼等。冬泡+冬闲+无稻草还田处理不利于杂草的发生。冬泡+冬闲+中

稻 + 稻草还田处理比对应的无稻草还田处理的禾本科杂草密度大，可能是由于稻草还田带入稗、双穗雀稗等杂草种子较多，导致翌年禾本科杂草密度较大。还田对莎草和阔叶杂草密度的影响无显著差异。稻虾共作和冬干 + 冬闲 + 中稻 + 稻草还田处理对千金子的发生有抑制作用。异型莎草、灰化苔草、水莎草和水苋菜更适应冬干处理。

二、用作青贮饲料

一般将秸秆饲料切成 2 ～ 3 厘米小段，以密闭的塑料膜或氨化窖为容器，使用尿素、氨水等一种氮化合物为氮源，使秸秆的含水率达到 20% ～ 30%，在外界不同温度条件下进行处理，使蛋白质转化为易吸收的形式作饲料用。但缺点是过程繁杂，处理时间较长。

三、腐熟沤制

尽量将秸秆、稻茬挑出并发酵腐熟，可作农家肥、沼气池使用，一般加水自然沤制或加发酵菌促熟,腐熟后的物质可作农家肥使用，但缺点是处理时间较长。

四、生物分解

使用生物菌种或含有纤维素分解酶的产品，进行生物分解，利用微生物发酵秸秆不但清除土壤中的有害物质，改善土壤的理化性质，也在一定程度上产生大量有益微生物，抑制致病菌。在处理秸秆的过程中，可适量添加速效氮肥，来调节土壤中的碳氮比，一般秸秆所含纤维素较高（可达 30% ～ 40%），还田后土壤中碳含量会大量增加，而微生物的增长一般以碳素为能源，以氮素为营养，大量分解秸秆时会造成碳氮比失衡，就会出现微生物与作物共同争氮的现象，而微生物会吸取氮素以补充自身不足。操作方法如下。

1. 稻梗留桩

收割时将稻桩高度留在 30 厘米以内。稻桩预留过高，则会阻挡水体流动。影响水体流通和交换的同时，在小龙虾养殖后期容易挂青苔，也会导致青苔滋生，还容易坏水（图 11–2）。

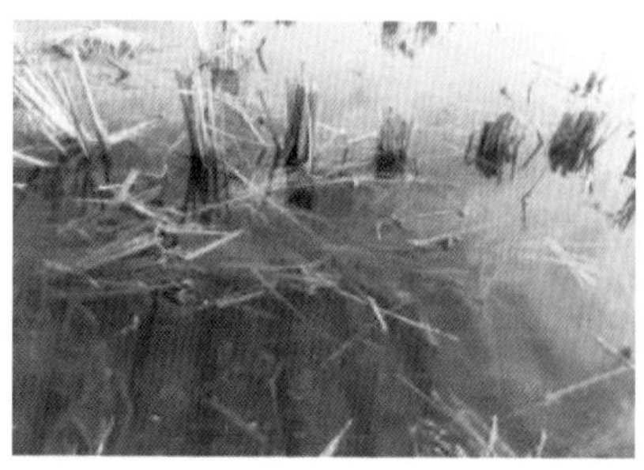

图 11–2　稻梗留桩

2. 打成稻草垛

水稻收割完后，暴晒 10 ～ 15 天后稻草要抓紧时间打堆，每隔 10 米一堆，每堆高 70 ～ 80 厘米，有序地排列在稻田内（图 11–3）。目的是利用稻草还田无害化，作为缓释有机肥利用。

图 11–3　打成稻草垛

稻草垛可源源不断地释放肥力，为小龙虾田提供源源不断的有机肥，可持续到翌年四五月份。对水体造成的危害是极小的，可作

为缓释肥源利用。稻草垛可为小龙虾提供天然栖息场所。小龙虾在稻草中打洞生活、越冬，在稻草中育虾苗。稻草在打垛后缓慢腐化过程中，在稻草垛周围产生更多枝角类和轮虫，为小龙虾及仔虾提供天然饵料。

3. 上水淹青

稻田进水 10 ～ 15 厘米，进水少的，可以每亩 50 千克生石灰打底，利用碱性物质促进稻草纤维质分解，防止稻秆浸出液污染，维持水位稳定至少 10 天，使稻田内稻草渗出物充分被微生物利用，田面中水体开始由红黑变淡和清爽，可缓慢加水，每 3 天加水 5 厘米，切忌一次上水过高，而过多地淹没稻茬（图 11–4、图 11–5）。

图 11–4　稻田上水（淹青）

图 11–5　稻田上水（秋苗培育）

第二节　秸秆腐熟与稻田秋冬施肥技术要点

水稻收割后施用秸秆腐熟剂加快水稻秸秆的分解转化速度，促进稻田营养元素快速转化为能被小龙虾吸收利用的营养物质，能明显地改善水质、减少有毒有害物质的产生，避免自然条件下大量水稻秸秆还田腐烂导致水质败坏（黑水、臭水、水体缺氧）而引起的小龙虾死亡（图 11–6）。

图 11–6　施用秸秆腐熟剂

通过秋冬施肥，早繁的小龙虾秋苗在 3 月初就达到 3 ～ 4 厘米长，比一般野生虾苗以及不施肥的对照田中的虾苗早上市 15 ～ 20 天，繁殖力强，成活率高，苗齐苗壮。虾苗提早上市价格高，经济利润显著提高。秋冬施肥明显抑制青苔生长，并有效避开五六月小龙虾发病死亡高峰期。

一、秋施冬用

长江中下游地区，水稻收割后，9 月中旬～ 12 月中旬施商品肥 3 ～ 4 千克 / 亩，每月 2 ～ 3 次。施用秸秆腐熟剂 2 千克 / 亩，

上水 10 ～ 15 厘米，若田间秸秆量较多可适当增加用量。

二、冬施春用

长江中下游地区，1 ～ 2 月施有机肥 80 ～ 120 千克 / 亩，或生物有机肥 60 ～ 100 千克 / 亩，每月施 1 ～ 2 次。

秋冬施肥水温低，水质好，病害少，管理简单，对新开的虾池，初养虾者成功率高，风险小。

第三节　冬季清塘消毒

冬季清塘消毒主要采用生石灰、漂白粉等。

一、生石灰清塘的原理、用法与用量

生石灰遇水后，生成氢氧化钙，并释放大量热量，氢氧化钙为强碱，能够在短期内将池水的 pH 值提高到 11 以上，在清塘的过程中，如果能使池水 pH 值超过 11 并能维持 2 小时以上，就可以达到杀死敌害生物和病原微生物的目的，能有效杀灭野杂鱼、蛙卵、蝌蚪、水生昆虫等。

1. 干法清塘

先将塘水排干，或留水 5 ～ 10 厘米深，每亩用生石灰 50 ～ 75 千克，视塘底淤泥多少而增减。清塘时在塘底先挖几个小坑，然后把生石灰放入溶化，不待冷却立即均匀泼洒全池。第二天早晨可以用耙翻动一次，目的就是让其和淤泥拌匀，充分发挥生石灰的清塘消毒作用（图 11–7）。

2. 带水清塘

每亩水深 1 米用生石灰 125 ～ 150 千克，通常将生石灰放入小船内，待生石灰溶化后趁热立即全池泼洒。清塘后 7 ～ 9 天药性消失后即可放虾苗。这种方法，下苗前不必加注新水，防止野杂鱼和病虫害随水进入池内，因此防病效果比干法清塘效果更好，但生石灰用量较大，人工费等成本高（图 11–8）。

图 11–7　干法清塘

图 11–8　带水清塘

3. 注意事项

由于生石灰易吸收空气中的二氧化碳和水而潮解。在生石灰选购过程中，最好选用块灰为好，需要根据生产需要来安排采购，一次不能贮存过多和过长时间，以免潮解形成碳酸钙而失效。生石灰不仅能够清塘，而且补充水体中的钙离子，提高水体硬度，这一点在虾、蟹养殖过程中特别重要。

二、漂白粉清塘的原理、用法与用量

漂白粉是氢氧化钙、氯化钙和次氯酸钙的混合物，其主要成分是次氯酸钙［$Ca(ClO)_2$］，是将消石灰与氯气进行充分接触而制得，发生放热化学反应。

漂白粉为白色或灰白色粉末或颗粒，有显著的氯嗅味，很不稳定，吸湿性强，易受光、热、水和乙醇等作用而分解。漂白粉溶解于水。漂白粉一般含有效氯30%左右，漂白粉遇水后会产生极不稳定的次氯酸，这时次氯酸所分解产生出来的氯原子和氧原子，通过氧化和氯化作用，会产生强大的杀菌作用，因此对养殖水体中的病原微生物均有较强的杀灭作用，同时能杀灭水生昆虫、蝌蚪、螺蛳、野杂鱼类和部分河蚌。

1. 用法与用量

将漂白粉加水溶解后，立即泼洒全池。建议将池水排到30～50厘米再清塘，便于移动装有漂白粉溶液的小船，将漂白粉充分溶解后全池泼洒。清塘3～5天后检查，如药性完全消失，便可放虾苗。放苗前最好试水，以确认药性消失。

2. 注意事项

清塘适宜选择晴天，这样水体温度较高，药物作用比较强烈，

能提高清塘效果。如果清塘时长期低温，清塘药物难以降解，易沉淀在池底，被沙土吸附，缓慢释放易导致所放苗种死亡。

漂白粉应装在木制或者塑料容器中，加水充分溶解后全池均匀泼洒，残渣不能倒入池塘中。漂白粉不宜使用金属容器盛装，否则会腐蚀容器和降低药效。

施用漂白粉时应做好安全防护措施，操作人员应戴好口罩、橡皮手套，同时施药人员施药时应处于上风处施药，以避免药物随风扑面而来，引起中毒和衣服沾染而被腐蚀。

由于漂白粉易吸湿潮解，在使用过程中需要根据养殖生产需要来采购，一次不宜采购过多，以免存储时间过长而分解失效导致有效氯含量下降。

若使用的漂白粉有效成分达不到30%时，应适当增加漂白粉施用量，如果漂白粉已经变质失效，则应禁止施用。

三、各种清塘药物的比较

在使用生石灰、漂白粉和茶粕清塘过程中，其中在使用生石灰清塘时对野杂鱼和敌害生物的杀灭范围比较广，清塘后容易形成浮游生物的高峰，能够及时为下池的虾苗提供生物饵料，是清塘药物的首选。

茶粕清塘虽然有助于池水中浮游生物高峰的形成，但是对敌害生物的杀灭范围较窄，对病原微生物、虾蟹类基本无杀灭作用。

漂白粉对敌害生物及野杂鱼的杀灭范围和生石灰接近，但是由于自身具有一定的杀藻作用，清塘后不利于浮游生物高峰的形成。

第四节　冬春青苔防治技术要点

水浅、水瘦、有青苔史（青苔的孢子沉积于塘底底泥中）是大

部分稻田养殖小龙虾面临的主要问题。所以稻虾种养早春管理最重要的工作就是上水、肥水，让养殖水体肥起来、让种植的水草早点长起来。

一、冬春青苔发生的原因分析

早春上水、淹田应根据养殖户实际情况实施。早春温度低，水温也低，水草的长势也较慢，虾苗的活力也较弱。想要促进水草生长，一定要保持水体有足够的营养元素，通过对水位的控制就可以让水温得到一定调节，让养殖池塘的生态系统得到改善，加水最好晴天进行，防止虾苗产生应激反应。

冬春季节气温低，养殖户的水草刚开始种，青苔就长起来了。如果前期对青苔的预防处理不当，一旦青苔生长失控，养殖户后期很可能要在打捞青苔、补种水草，甚至在被迫补苗等弥补措施上再次耗费极大的养殖成本、时间和精力。青苔是小龙虾养殖池塘中常见的丝状绿藻的总称，主要包括水绵、刚毛藻、转板藻等丝状藻类。青苔在生长早期如毛发一样附着在池底，颜色多呈深绿色或青绿色；青苔衰老时则会变成棉絮状，漂浮在水面上，颜色多呈黄绿色或黄棕色，手感滑腻（图 11-9）。

冬春季节的小龙虾池塘水位浅，透明度高、阳光可直射池底，

图 11-9　春季稻田水体长满青苔

当阴雨天转晴天，水温开始回升，青苔就会大量繁殖。要预防和控制以上情况发生，在小龙虾养殖过程中，很重要的一点就是要保持池水有一定肥度，透明度最好保持在30～40厘米。

扫一扫，观看“早春稻虾田青苔暴发”视频

最早可于种草后及时施基肥，天气晴朗时根据肥水情况及时补肥，保持小龙虾池塘的水体有一定肥度，一定的水体肥度有助于控制水体的透光程度，可以有效避免青苔滋生，同时能促进水草生长。

二、青苔防治方法

瘦水无青苔虾塘的低温肥水，10月下旬～12月开始。复合肥、有机肥组合使用，可有效提升早春瘦水的水体肥度，水色呈黄绿色或翠绿色，肥水达到近看上层清亮、下层不见底的效果。当池塘有少量青苔时，人工及时捞除，如果此时水草长势较好，适当加深水位，降低水体透明度，也可以抑制青苔生长。

扫一扫，观看“早春青苔初发”视频

青苔较多的小龙虾池塘，建议选择物理杀灭方法温和控制，推荐步骤如下。

1. 秋季晒田

利用秋季雨水少，充分晒田10天，阳光空气消毒灭菌。水稻收割后，还要继续晒田10天，晒到稻草发白变枯。一方面可以减缓稻草泡水后腐烂的速度；另一方面利用阳光对田面进行消毒杀菌，让大自然对稻田里的菌群进行选择（此时对环沟进行除杂、消毒、种草）。

2. 浅水灌田

上水淹没稻田让稻草腐烂。上水高出田面20厘米，淹到稻桩

的一半，也是为了减缓稻秆腐烂的速度。稻田里的水色会慢慢变成浅褐色，透明度降低。正好起到遮光防青苔的效果。稻秆没晒枯不要上水，防止水体发黑、发臭。此时在稻田中栽植伊乐藻。

扫一扫，观看“秋天稻田淹没”视频

3. 加水保温

加水的目的是增加水体控温能力，提高底层水温，辅助肥水抑制青苔。随着冬季低温的到来，水体会慢慢变清，这时候再加水抬高水位，让高处的稻秆继续腐烂，同时起到保温的作用。用腐熟有机肥或氨基酸肥水膏培肥水体，产生更多浮游生物供虾苗摄食，也能控制青苔暴发（此时可适量投喂豆浆、小粒径颗粒饲料等开展营养强化，补充虾苗营养）。

4. 人工赶堆

通过风力、人工等措施将青苔聚在一处，撒生石灰点杀青苔。通过以上几步，一般青苔不会太多，不必管它。如果青苔实在太多，用渔船船底、几米长的树干或竹竿把浮在水面的青苔分片赶成堆，再在上面撒上生石灰杀死青苔，不必担心青苔腐烂坏水，生石灰自身有一定的解毒作用（图 11-10、图 11-11）。

5. 组合抑苔

当青苔较多，一时难以控制时，也可以用生石灰、硫酸铜（0.7 克 / 米^3）（商品名称有青苔净、青苔灵等）组合来抑制青苔蔓延，一般化浆后泼洒到青苔上，待青苔死亡枯萎或生长延缓后，再补充施肥，使用腐殖酸钠类遮光产品，以及有机肥、肥水膏类肥水产品肥水，降低透明度。化学产品注意只能局部使用，要严格控制，防止杀死虾苗和水草，

扫一扫，观看“早春硫酸铜点杀青苔”视频

图 11-10　人工捞苔

图 11-11　青苔枯萎发黄

影响产量。

6. 大水漫灌

开春后气温逐渐升高，虾田再次加高水位，青苔就会慢慢消失掉。气温升高，青苔与其他藻类此消彼长。水位提高，水体透明度降低，青苔自然死亡。虾苗个体长大，食量增加，活动增强，容易

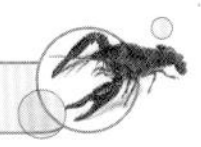

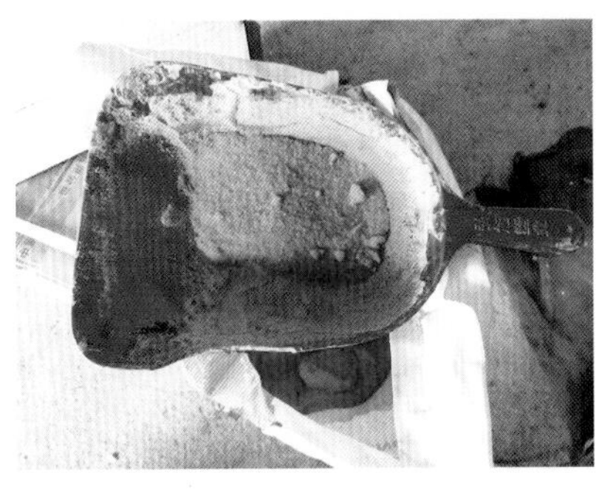

图 11-12 硫酸铜点杀青苔（喷在水中青苔上）

使水体混浊，能夹草也能夹青苔，部分青苔成为虾苗的饵料。

三、草木灰防治青苔技术

草木灰防治青苔不仅效果好，而且对虾、蟹没有副作用，无公害。草木灰含有农作物需要的多种营养元素，如磷、钾、钙、镁、硫及硼、锰、锌、钼、铜等，也是当前农村最广泛的钾肥资源。草木灰中含有各种钾盐，其中以碳酸钾为主，90% 以上可溶于水，为速效性钾肥，属于生理碱性肥料。草木灰不能与铵态氮肥混合施用；也不能与人粪尿、圈肥等有机肥料混合。

1. 操作方法

草木灰撒在青苔上，使青苔见不到阳光，不能进行光合作用。草木灰属于碱性物质，撒在青苔上其强碱性使青苔死亡。

2. 注意事项

用草木灰治青苔效果虽好，但使用时要注意选择晴天中午进行。草木灰的用量要适宜，以覆盖青苔表面为好（图 11-13、图 11-14）。草木灰的质量好坏是能否杀死青苔的关键所在，经试验，用稻壳灰、稻草秆、油菜籽烧成的草木灰效果最好。在使用时先用草

图 11-13　草木灰

图 11-14　草木灰盖住青苔孢子

木灰兑水全池泼洒，然后再用干草木灰均匀撒在青苔上，这样效果更好，用量根据实际情况，灵活掌握。

参考文献

[1] 全国水产技术推广总站 . 中国小龙虾产业发展报告（2019）.2019.

[2] 全国水产技术推广总站 . 中国稻渔综合种养产业发展报告（2019）. 中国水产学会，2019.

[3] 小龙虾高效养殖致富技术与实例 . 唐建清，全国水产技术推广总站 . 北京：中国农业出版社，2016

[4] 邹叶茂，向世雄，陈朝 . 小龙虾稻田高效养殖技术 . 北京：化学工业出版社，2019.

[5] 夏如兵，王思明. 中国传统稻鱼共生系统的历史分析. 中国农学通报，2009，25(05)：245-249.

[6] 徐增洪，赵朝阳，周鑫 . 小龙虾的体色变化与其生长发育的关系 . 浙江农业学报，2010，22（6）：839-842.

[7] 黄桂香 . 水产养殖池塘中溶解氧的变化及调控 . 现代农业科技，2014（17）：295-297.

[8] 陈璐，陈灿，黄璜，等. 稻田生态种养对农田生态效应的影响. 作物研究，2019，33(5)：346-351.

[9] 黄鸿兵，陈友明，唐建清. 冷泉水区域小龙虾繁育与养殖场设计. 水产养殖，2019：8：38-40.

[10] 周锡跃，陈友明、黄鸿兵 . 渔稻 1 号与小龙虾高效综合种养技术试验 . 水产养殖，2019：8：33-35.

[11] 黄鸿兵，陈友明，唐建清 . 南粳 46 与小龙虾高效综合种养技术 . 水产养殖，2019.9：37-39.

[12] 杨滨娟，黄国勤，钱海燕，等．秸秆还田对稻田生态系统环境质量影响的初步研究．中国农学通报，2012，28（2）：200-208.

[13] 孙学标．稻虾共作种养生态农业模式及技术应用分析．农业与技术，2019，39（7）：70-71.

[14] 袁伟玲，曹凑贵，汪金平．稻鱼共作生态系统浮游植物群落结构和生物多样性．生态学报，2010，30（1）：253-257.

化学工业出版社同类优秀图书推荐

ISBN	书名	定价/元
35904	小龙虾高效养殖与疾病防治技术（第2版）（全彩图解＋二维码视频）	69.8
35361	生态高效养鳖新技术（双色印刷）	49.8
35245	青虾生态高效养殖技术（双色印刷）	36
32820	黄鳝泥鳅营养需求与饲料配制技术（双色印刷）	38
30845	小龙虾无公害安全生产技术	29.8
32181	泥鳅黄鳝无公害安全生产技术	38
31871	河蟹无公害安全生产技术	38
29631	淡水鱼无公害安全生产技术	39.8
29813	经济蛙类营养需求与饲料配制技术	29.8
28193	淡水虾类营养需求与饲料配制技术	28
29292	观赏鱼营养需求与饲料配制技术	38
26873	龟鳖营养需求与饲料配制技术	35
26429	河蟹营养需求与饲料配制技术	29.8
25846	冷水鱼营养需求与饲料配制技术	28
21171	小龙虾高效养殖与疾病防治技术	25
20094	龟鳖高效养殖与疾病防治技术	29.8
21490	淡水鱼高效养殖与疾病防治技术	29
20699	南美白对虾高效养殖与疾病防治技术	25
21172	鳜鱼高效养殖与疾病防治技术	25
20849	河蟹高效养殖与疾病防治技术	29.8
20398	泥鳅高效养殖与疾病防治技术	20
20149	黄鳝高效养殖与疾病防治技术	29.8
00216A	水产养殖致富宝典（套装共8册）	213.4

邮购地址：北京市东城区青年湖南街13号化学工业出版社(100011)
购书服务电话：010-64518888(销售中心)
如要出版新著，请与编辑联系。
编辑联系电话：010-64519829，E-mail：qiyanp@126.com。
如需更多图书信息，请登录www.cip.com.cn。